U0067908

食 與 慾

大快朵頤的餐飲趨勢全攻略

王 福 闓

突破傳統框架，探索飲食新境界！

挖掘消費行為、趨勢，與餐飲需求的深層慾望；本書不僅是餐飲行銷、品牌加值的商道，
更是飲食文化與生活品味的門道！

Diet & Appetite

推薦序 1.
深入淺出說食力

食力 foodNEXT 創辦人暨總編輯 童儀展

福闔兄，是我們食力 foodNEXT 的專欄作家。

他的文字，以及他對於事件觀察的深度與舉例，每每都引起食力眾多讀者的迴響。坦白說，我個人對於他看待事情的方式與邏輯，以及論述方法是深感佩服——

為何他的腦袋總能思考到旁人所無法觀察的細節？

而當聽聞他說正在撰寫食與慾這個餐飲行銷主題時，可以說既意外又不意外；意外的是，他寫書的速度之快，讓我由衷佩服；不意外的是，主題的設定果然又令人腦洞大開！

雖說食色性也，眾所皆知，但要眞實舉例來論述驗證，除本書之外，還眞不做第二人選，所以眞心推薦給各位！

推薦序 2.

接地氣的理論指南與實務工具

樂高渥克事業群執行長 郭慶輝

餐飲產業的行銷知識，對於現代化和服務業為導向的台灣市場來說，絕對是門具有研究與學習價值的課題。當消費者日常汲汲營營的，不再只是初階的溫飽需求後，餐飲對群眾來說，便能帶來更多的附加價值與變化。

由型式上來看，餐飲的主題、話題、代表性、獨特性和儀式感等，都有相當豐富的內涵可以被延展。透過更大範圍的探究，餐飲對節慶、事件，甚至人際關係所衍生的功能，或對社會與文化創造，乃至跨境、跨族群之間的影響，更提供了極其複雜的供需滿足意義；這早已超越了吃吃喝喝的基礎本質，形成一個完整且交錯縱橫的產業價值。

我與福闓兄相識於一場匯聚各路行銷傳播菁英的星級酒店餐會，在美食美酒帶來的愉悅氛圍裡交流產業發展意見；之後又因機緣巧合，有幸邀請他來參加我規劃的餐酒會、品酩會與展覽等活動，又是靠著各種餐飲行銷場合，進一步的熟稔。

很榮幸受到邀請，為其新書撰寫序文。我在讀過初稿後，至少認為有三點是相當值得推薦之處，如下簡述，與讀者們分享。

首先，在本書中，王兄探討了餐飲行業的各種分類現況，並在系統化的整理下，讓我們得以看到各類餐飲行銷的全貌、策略與方法。他以深度洞察餐飲市場的趨勢為基礎，透過案例整理和分析，讓讀者能在參考本書後，更加理解如何運用各種行銷概念

來經營餐飲事業，或是從行銷的設計上為餐飲找到不同高度的附加價值。

其次，本書對於餐飲產業、行銷力和品牌影響力的涉略討論，對高度發展服務業的台灣來說，是本相當好的理論指南，也會是本優秀的工作書，有機會提高餐飲行銷人員對產業未來的更多想像；相信對從業人員或相關領域的學子來說，也定是本獲益良多的參考書籍。

最後，我要對勇敢在出版困難的時代環境下，還能抱持著熱血，並挑戰多元行銷領域主題而將著作付梓的作者，誠摯獻上十二萬分的敬意！

希望福闓兄這次的大作能順利獲得更多關注，也衷心期盼此書能嘉惠更多在餐飲行銷領域上努力的人，讓產業發展升級，也培育更多未來的菁英。

推薦序 3.
以數位轉型為獨特的餐飲行銷開創新局

餐飲業是一個充滿變化和競爭的行業，只有不斷創新才能保持競爭力。這包括了產品創新、服務創新和營銷策略的創新。餐飲業者必須更多思考如何超越傳統框架，勇於嘗試新的概念和理念，以滿足不斷變化的消費者需求。

數位轉型對傳統餐飲行銷帶來了極大的改變與影響；特別是社交媒體、網絡訂購和數據分析等新興科技在餐飲行銷中的應用。利用社交媒體平台建立品牌形象和與消費者互動是現代餐飲行銷的關鍵。同時，透過數據分析，餐飲業者能夠更好地了解消費者喜好和需求，從而針對性地開發產品和推廣活動。

體驗行銷在餐飲業也相當重要，通過創造獨特而難忘的用餐體驗來吸引消費者，例如主題餐廳、互動式廚藝表演和個性化服務等。用餐不僅僅是為了填飽肚子，更是一種情感和社交體驗。通過提供獨特而有價值的餐飲體驗，餐廳能夠贏得顧客的心並建立長期的客戶忠誠度。

相較於其他產業領域，餐飲行銷具備了許多特殊性：

一、產品特性：

餐飲行銷的產品是具有實質性的食物和飲品，這些產品在品質、味道、外觀和創新上有很高的要求；而其他領域的行銷可能涉及非實體的產品，如服務、技術產品或其他消費品。

二、消費體驗：

餐飲行銷著重於提供獨特的消費體驗。除了食物的品質和味道外，用餐環境、服務態度和氛圍等也對消費者的體驗產生重大影響。而其他行銷領域可能更關注產品功能和效益，以及與消費者的互動方式。

三、創新與變化：

餐飲行業的競爭激烈，要求餐廳持續創新和變化。菜單、食材、烹飪方式和飲品選擇等都需要與時俱進，以迎合消費者的喜好和趨勢。而其他行銷領域中，產品的變化和創新程度可能較緩慢。

四、消費者忠誠度：

餐飲行業的消費者忠誠度相對較低，消費者對不同的餐廳和菜式具有開放性和多樣性；因此，餐飲行銷需要不斷提供優質的產品和服務，以吸引和保持消費者的忠誠度。而其他行銷領域中，消費者對特定品牌或產品的忠誠度可能更高。

五、地域特色：

餐飲行業在不同地區和文化背景中有著獨特的地域特色。餐廳需要考慮當地的飲食習慣、口味偏好和文化禮儀，以適應當地市場並贏得消費者的青睞，這與其他行銷領域中可能較少受地域特色影響的情況有所不同。

六、口碑和評價的重要性：

餐飲行業中，消費者對餐廳的口碑和評價非常重視。社交媒體和評論網站的興起使消費者能夠輕易地分享他們的用餐體驗，這對餐廳的聲譽和生意產生重大影響。在其他行銷領域中，消費

者對品牌評價和口碑的關注程度可能較低，或者更多依賴其他行銷手段。

七、定價和價值感知：

餐飲行業的產品和服務往往有明確的價格，消費者因價格而對所獲得的價值有很高的期望；因此，餐飲行銷需要注意定價策略和價值感知的傳達，以確保消費者對價格感到滿意。而在其他行銷領域中，價格和價值感知的重要性可能有所不同，取決於產品或服務的特性。

八、季節性和時尚趨勢：

餐飲業往往會受到季節性和時尚趨勢的影響。消費者的口味和需求在不同季節時期可能會有所變化，餐廳需要靈活調整菜單和行銷策略，以迎合市場需求。相比之下，其他行銷領域可能較不受季節性和時尚趨勢的影響，產品和服務的需求相對穩定。

九、視覺與味覺的結合：

餐飲行業在行銷中注重將視覺與味覺結合，通過精美的菜品呈現、吸引人的廣告攝影和網絡宣傳來吸引消費者。在其他行銷領域中，視覺的重要性可能相對較低，消費者更多關注產品的實質功能效益。

十、品牌塑造和故事講述：

餐飲行業中，品牌塑造和故事講述對於營銷非常重要。通過打造獨特的品牌形象和故事，餐廳能夠與消費者建立情感連結，增加品牌忠誠度。在其他行銷領域中，品牌塑造和故事講述的重要性因行業而異。

這些差異點突顯了餐飲行業挑戰的獨特性，餐飲業者必須更加關注產品品質、消費體驗、口碑建立和品牌故事等兼顧各個層面，才能在競爭激烈的市場中脫穎而出。

作為連鎖餐飲業的從業者，我深知在競爭激烈的市場中，行銷策略的重要性。

王老師以他豐富的經驗和獨特的洞察力，解析了成功餐飲品牌背後的奧秘。他深入研究了市場趨勢、消費者行為和競爭策略，並提供了實用且具有啟發性的解決方案。

王老師展示了如何通過創新和故事講述來打造獨特的品牌形象；深入探討了品牌定位、目標市場的選擇、產品開發和價值傳遞等關鍵要素，並以生動的案例和實際經驗加以輔證。這本書不僅只是一本餐飲行銷指南，更是提供了一個關於創新思維和成功策略的完整框架。

推薦序 4.
人性食慾之實務指南

銘傳大學企管系教授 陳純德

非常榮幸受福闓理事長的邀請，為其新書《食與慾：大快朵頤的餐飲趨勢全攻略》寫序。如諺語所述：「民以食為天」，隨處都可以看到各式各樣的餐廳店鋪，但隨之而來的就是各種內外在的考驗及激烈競爭。

例如消費者口味多元化，對飲食和用餐體驗日益變化，因此經營者需要絞盡腦汁，不斷創新和提供多樣化選擇才能滿足需求；但在此同時，卻也要面對各種成本管理的挑戰，包括食材成本、租金、員工成本，甚至還有相關科技使用、網絡行銷或代言人等費用。

因此，如何才能在這個競爭激烈的行業中脫穎而出，絕對是餐廳店鋪經營者最為關心的議題。

福闓理事長擁有豐富實戰經驗及深厚學術背景，對各種不同餐飲情境有非常深入的了解，也因此不論是經營者或一般讀者，皆可透過本書逐步深入了解不同飲食情境（如：懷舊、日式料理、養生健康、休閒農業、節慶食物等）之餐飲行銷各種層面及內容外，亦能獲得非常實用的指導和建議。

於本書中，福闓理事長還融入個人輔導經驗及大量餐飲行銷案例，甚至還包括許多創新餐飲營運概念，讓讀者從中獲得靈感和啟發；因此說本書是餐飲業界的一部寶典，實不足為過。

站在一個教育者的角度來說，期盼對現有業者或將來有志於從事餐飲的讀者們來說，能夠因福闓理事長的這本《 食與慾：大快朵頤的餐飲趨勢全攻略 》而獲益無窮外，甚至往海外拓店，繼續發光發熱為是盼。

推薦序 5.

洞悉與時俱進的餐飲新趨勢

新世紀形象學院講師 賴櫻暖

　　王老師每年出書實在多產，內容又非常的多樣化，其中很多都是因應現在的時事、潮流、尖端上的議題，不僅是在學者所需要的內容，更是就業中或求職的新鮮人，以及在實務上已有經驗的人，都可以加以學習與參考的重點。

　　此次王老師要出版的新書跟我切身相關的部分，主要在餐飲部分，雖然我本身在食品及餐飲相關的行業已經工作了大概超過17年多，對於領略各種各樣的餐飲領域確實多有關注，所以像是在食材的運用、產品推廣、產業趨勢、企業社會責任等運作也較為熟悉。

　　本書以時下流行的火鍋、燒烤、健康養生來研討作為出發，使讀者確切瞭解到如何把餐飲的品牌做好之外，又可以讓消費者長久的認同，實屬不易！尤其餐飲產業在前三年受到疫情影響，整體已經數不清有多少的店家名店開了又關、關了又開……甚至還有債權人上門討債、追債的情事不斷地發生！然而也有持續成功的名店，是值得我們來解析及學習的範例。

　　各位能從本書中找到新的思維、開發重點，再次印證「民以食為天」這句話的重要性。

　　本書中王老師特別提到餐飲產業的「創新」發展，這點尤其不容易！就像公關工作大部份會比較專注於社會責任實踐，是實踐公益行動的任務，所以在這些專案中要如何開創新模式。

我們會根據國外的議題趨勢，以及國內的需求，相互研究與開發；尤其近年來各界推動 ESG【環境保護（Environment）、社會責任（Social）與公司治理（Governance）】不遺餘力，除了在 ESG 的議題中，我們也拓展跟學校的 USR（University Social Responsibility，大學社會責任）與社區服務合作，與很多需要幫助的弱勢團體合作；藉由這樣的合作，企業也能與大學、社區互動，彼此瞭解到各自的想法與立場，讓企業能充分實踐社會責任，無形中也加深群眾的良好的印象。

　　又例如王老師在書中提到與庇護工場的合作，我們也與愛盲基金會合作多年，但是面臨這個部分要如何再創新呢？尤其需要關懷的單位和相關的議題，可能在 10 年或 20 年前已經受過關注，但是這些藏身在社會角落裡的慈善單位，需求一直都在，卻很容易被遺忘，所以真的很少被人看見！如果要重新啟動關懷庇護工場，究竟該如何創新？本書有相當具體的實際案例，對我來及大多數人行銷公關人員來說，都是實用的絕佳學習教材。

　　王老師在業界頗具盛名，尤其在品牌推廣及行銷傳播的領域，口碑大家是有目共睹，這次出版的新書在餐飲行銷領域很相當獨到的見解，相信這本書也能供大家參考，並啟發出很多的創意點子、創新的想法，進而推動餐飲產業發展更進一步！

推薦序 6.
跟隨福闔老師，開啓餐飲行銷的大門

華視記者 黃敏惠

要說吃貨哪裡最多？

萬事離不開華人世界的餐桌。

混得好叫吃得開，

混不好叫吃不消，

討人喜歡叫吃香，

不招人喜歡請你吃閉門羹。

但是有多少餐廳能靠客人吃飽了撐著，

還撐起了一片天呢？

不論是雷打不動的百年老店，

還是祖傳三代今年第一代的初生之犢，

過去相信酒香不怕巷子深，

只要金子就會發光；

現在酒香也怕巷子深，

只怕客人找不到金子在哪？

巷子多深，不重要，

重要的是巷子口在哪？

這就是需要廣告和行銷的魅力。

現在的聞香下馬，

已經不是被動等偶然的過客，

而是主動迎來必須的來客，

而且還希望是緣起不滅的回頭客，

靠的就是如何縮短美食的香味到客人舌尖的距離。

王福闓老師的新書，

就是這位伯樂。

透過王老師產學並重的專業剖析，

引領投身餐飲的千里馬能遇到伯樂，

也讓吃這檔事不只是獨樂樂，

更是眾樂樂。

一如王福闓老師，

人如其名。

「闓」意即是開啓，

一起開啓大家口福的大門。

推薦序 7.

饕客與業者的食慾行銷攻防戰

新聞台兼任主播 曹維升

民以食爲天，是生存的根本、也是生活的樂趣。溫飽之餘，芸芸眾生更渴望追求的，是多元無垠的食與慾，和其之間的連結火花。王福闉老師的新作，不只勾勒出「嘴上功夫」的精髓，背後潛藏的「餐飲行銷」，更成了饕客與從業者飢渴探究的奧義。

從歡慶時光、肉食主義、飲品、健康意識崛起到創新抍出線……等，書中涵蓋日常飲食到產業第一線的各個面向，細膩的文筆、觀察，搭配深入淺出的聚焦分析，讓人們口嚐美食的同時，還能學會一眼看透行銷門道。

推薦序 8.

餐飲業的疫後新挑戰

非凡新聞台 財經主播 蔡佳芸

　　一場詭譎多變疫情，帶給餐飲業翻天覆地的變化，也成就了一場新的賽局。市場上汰弱留強的洗牌效應，以及新趨勢所帶動的消費變遷，讓各大餐飲業者在搶快疫後布局的同時，也在比拼誰能掌握住勝利的關鍵。

　　隨著疫後餐飲市場挑戰開始，品牌行銷如何與時俱進，在這本書中將給予透徹的分析。王福闓老師一直是我作為新聞台傳產線記者，在採訪路上的知識百科，給予我許多指教與幫助，相信在新書中必能受益良多。

推薦序 9.
疫後餐飲行銷寶典

財經記者 劉馥慈

　　古人說：「民以食為天」，可見「飲食文化」其重要性不容小覷，也讓餐飲市場百花齊放，尤其新舊品牌群雄爭霸的時代下，競爭更加白熱化，福闓老師透過深入淺出的用字遣詞，深入剖析目前產業趨勢，洞悉餐飲品牌前景發展、改革轉型，無論是行銷從業者，又或是想開店做生意、想進一步了解餐飲業的人，相信都能從這本書中獲得新的啟發與收穫，甚至越看越起勁、欲罷不能呢！

推薦序 10.
透過此書，掌握餐飲脈動

TVBS 記者 / 前壹電視記者兼任主播 劉育瑄

　　餐飲業競爭激烈，受到疫情的衝擊之下，更是重災戶，相信許多業者都在重新思考，如何突破四面牆的限制，開拓全新的商業經營模式，練就金剛不壞之身。而福闆老師對餐飲行銷這一塊，有自己一套獨特的見解，身為許多媒體好朋友的他，也常常在短時間之內，深入淺出的分析各種餐飲產業脈動，讓一般民眾也能快速理解，相信福闆老師這本集大成之作，可以用文字分享他豐富的經驗，帶給讀者全新的視角。

推薦序 11 .
愛吃的你不能錯過

新聞記者 張蕙纖

疫情全面解封，餐飲業復甦，民眾對於餐飲需求也大幅增加，對於不少人來說，「吃」是一天、甚至每天，最重要的事情，也是必要動作，餐飲業者們行銷的手法，身為消費者的你不能不知！

作為消費線記者，接觸各式餐飲、飯店，業者要搶客得推陳出新，也得想出各式噱頭，而新集團要進駐商圈，拓展版圖，背後商機有多大，該用哪些行銷手法來吸引消費者，常常就是搶客關鍵。

想經營餐飲業的人，或是愛吃的你，來吧！先來看看福闆老師這本書，你會獲益良多！

推薦序 12.

行銷，沒有一個人是局外人

電視台主播 葉為襄

約莫幾個月前，收到福闓老師的訊息，得知他又要出新書，除了默默的在心裡恭喜他之外，更多的是期待。福闓老師對我來說，不只是一位很認真的師長、盡責的受訪者，還是一位在我工作上遇到難題時，能替我解答的移動式行銷百科，老師每天總能變出各行各業的趨勢觀察，每當聊起近期發生什麼新聞，老師總能以迅雷不及掩耳的速度，說出「這我以前也替他們上過課呢！」，也因此在耳濡目染之下，為襄身為一位財經記者，也不時會觀察起有趣的周遭人事物。

半年前，正值後疫情時代，每個行業幾乎歷盡風霜，老師再度搬出腦中的數據資料庫，從餐飲集團寫到個人品牌，再從驗光師、後疫情的美妝機會，聊到週末大家都看得見的行動餐車……何德何能有幸認識集商業行銷策略及分析於一身的王老師！我能保證，這書會看了上癮，想必受益無窮。

推薦序 13 .

站在巨人的肩上了解疫後新「食」代

民視新聞財經記者 唐詩晴

一場疫情，讓餐飲業大洗牌，有的店歷久不衰，有的曇花一現，甚至還來不及前往嘗鮮。

在後疫情時代，餐飲業的求生術，成為一門學問，如何跟上「食」代，抓住消費者的胃，值得品牌細細考究；透過王福闓老師的觀點，讓我們站在巨人的肩膀上，了解競爭激烈、瞬息萬變的餐飲市場，如何演變。

在過去，吃飽喝足，可以滿足人類的基本需求，但現在的飲食男女，吃精巧、吃花樣，也吃出一種品味。相信讀者，透過王福闓老師精闢的市場解讀，也能更認識桌上的一道道珍饈，其背後所代表的意涵。

推薦序 14．
集熱情於一身的行銷導師

TVBS 新聞記者 余品潔

我認為要把「行銷」做得好、分析的透徹，很不簡單，除了必須熟悉商品本身之外，對市場趨勢更需有敏銳的觀察力，還得跟得上時事，最好加上優秀的說故事能力，而這些因素，在福闓老師身上都看得見。

起初是因為的工作關係認識福闓老師，對老師印象很深刻，除了長髮外型很潮（哈哈！），再來就是老師的邏輯條理真是好啊！最常請教的領域是餐飲，從異國料理的差異特色、餐券福袋等等經濟效應、餐飲異業結盟趨勢、缺工問題，到近期很夯的思樂冰回歸、元宇宙行銷，老師都有他獨到的見解，而訪談後總會有開眼界的感覺：「原來還有這種操作啊！」再搭配老師擅長的說故事能力，以深入淺出的方式將道理分享給大家，不但容易聽得懂，還要能吸收。

當然，對行銷的熱愛更是重要，這點在福闓老師身上無庸置疑，不僅在採訪過程中感受得到老師對行銷的熱情，平常福闓老師也投入教學、創作工作，這本《食與慾：大快朵頤的餐飲趨勢全攻略》是老師的第七本書，老師所有的經驗談，全都濃縮在裡面。

套一句老師的話：「最終要說服的不是別人，而是自己。」不僅是行銷工作者，每個人日常生活中溝通、買賣、找工作，都會用到行銷技巧，「行銷」可謂是人人必學之課，很推薦大家可以走進書中，跟著福闓老師認識「行銷」。

推薦序 15 .
掌握疫後餐飲行銷新趨勢

八大民生新聞記者 許雅筑

　　疫情大爆發，餐飲業進入漫長寒冬，如今後疫情時代來臨，整體大環境歷經劇烈動盪，透過作者洞悉餐飲市場，精闢分析產業脈動，搭上最新趨勢，找出行銷的致勝關鍵，就要靠這本好書！

自序
飲食文化不該受限傳統框架

王福闓

　　或這次也可以說是給自己一個新的挑戰，為了因應疫情後的新時代，我嘗試一次寫了兩本書，而作為產業類別的系列，餐飲美食自然是必要的題材。但還好這麼多年自己輔導與授課的單位中，餐飲業一直都佔相當高的比例，同時我也持續在累積相關的文章，因此可以說，本書反而較《愛與戀：從談情說愛洞見品牌新商機》更快完成。

　　對於選題來說，就像我自己的飲食有著相當程度的偏食，喜歡的議題多講一些，偏好的產業就更全面的去分析，也可能對於較不感興趣的面向，著墨就少了一點。這次書中我大量針對產業、消費行為與趨勢來探討分享，但最終還是圍繞在我們對於餐飲需求的「慾望」上。

　　很多時候因為以往的產業發展，餐飲業有了相當受限的刻板印象，像是薪水較低、工時較長、需要承擔的風險也較多，但當我們發現休閒農場不但可以邊玩還能邊用餐，知名辣椒醬品牌早已在消費者心中成為精神象徵，或是創業者不能只顧把食物做好，跨界合作、商圈經營及社群電商都成了必需要學習的功課。

　　甚至超商超市的微波食品也常直接與傳統餐飲業直球對決，而連鎖品牌也推出了冷凍食品來還擊；在地酒莊早就拿了許多國際大獎，連鎖加盟品牌更是在國際上，展開了大航海時代。這時我所看見的餐飲產業，是更具多元性競爭但也更充滿機會的產業，更不該受限於傳統的行業框架。

我想寫的並不只是像教科書一般的餐飲行銷類書，而是用更宏觀的面向去看待，究竟我們身為消費者時，有哪些元素是與餐飲相關；所以不論是從飲食文化的角度切入，還是餐飲的類別，甚至在寫飲料主題的時候，咖啡、茶及罐裝飲品都納入進去，原因就在於從消費行為來看，其實是不可能完全分割。

　　最後感謝妻子、父母、岳母、家弟、眾推薦人、出版社及相關好友，以及持續支持的讀者們，也希望本書對於相關的從業業者、想要進入行業的創業者，以及只是對於餐飲產業感興趣的朋友們，都能在書中有所收穫。

　　「神說：看哪，我將遍地上一切結種子的菜蔬和一切樹上所結有核的果子全賜給你們作食物。」——創世紀 1:29

作者簡介

王 福 閣

▨ 台灣行銷傳播專業認證協會 理事長

▨ 中華品牌再造協會 榮譽理事長

▨ 凱義品牌整合行銷管理顧問公司負責人&總顧問

▨ 品牌再造學院 院長

▨ 新世紀形象學院 院長

▨ 行政院勞動部、農業部、經濟部、台北市政府、新北市政府、台南市政府、台中市政府、高雄市政府 訓練講師／專案顧問、專案評鑑委員

▨ 中小企業服務優化與特色加值計畫、連鎖加盟及餐飲鏈結發展計畫、微型及個人事業支援與輔導計畫、創業輔導計畫 輔導顧問

▨ 台視、中視、華視、民視、公視、TVBS電視、八大電視、三立電視、鏡電視、年代／壹電視新聞、非凡電視、東森／東森財經電視、新唐人電視、GQ雜誌、食力foodNEXT、專案經理雜誌、天下雜誌數位版、遠見雜誌、專案經理雜誌、商業週刊、myMKC管理知識中心、聯合報、工商時報 受訪專家／專題撰稿人

▨ 中國文化大學 技專助理教授

▨ 佳音電台《閣閣而談》廣播節目主持人

聯繫、訪談、合作邀約，請洽：dvdv8@yahoo.com.tw

目錄 Contents

chapter 1

一起的歡慶時光：
辦桌、火鍋、吃到飽

辦　桌

◗ 曾經的人情味

　　不少人對於親友團聚用餐、大型婚宴，甚至是農曆年節的家族團圓飯，傾向於選擇辦桌且樂此不疲；且不說餐食好吃實惠，尤其是早期戶外辦桌的熱鬧及富含的人情味，更是國內一種特殊的在地文化表現。以辦桌的歷史來說，可追溯至移民文化的累積，更重要的是鄰里之間互助的精神，雖然現今各式產業早已專業化、規模化，但是當我們想起那曾經的美好時代，辦桌的精神仍然保存下來。以現在的菜色和辦桌型態來說，因為都市化與時代的演進，像是具有時代意義的「酒家菜」，就曾是高檔的辦桌宴席料理的代表。

而辦桌的型態也由鄉里互助轉變成委由專業的「總舖師」來負責操辦整個辦桌餐飲的準備。在教育部網站的《重編國語辭典修訂本》中，對於辦桌的釋義為：「閩南方言。指外燴者到家裡掌廚，準備酒菜宴客。」漢語拼音則為 bàn zhuō，現代則更多人會稱之為外燴。

　　隨著時代的演進與創新，在許多尾牙春酒、婚喪喜慶，甚至是生日過壽，辦桌的意義在於建立人與人之間的交流，透過宴飲、祝福以及共同過節的「集體歡騰」氛圍建立，達到了人我彼此情感的連結。

　　甚至在新公司成立、新居入宅、宗教慶典等活動時，也經常以辦桌的形式來進行，在《節慶行銷力》一書中我曾經提到，消費者透過節慶的餐飲和過程，來達成慶祝與紀念的儀式感。所以當消費者希望選擇辦桌的形式，來達到與呈現那種人情味與在地化的同時，餐飲業者也可以思考──如何從菜色內容到服務空間，提供更與時俱進的服務，使來客達到賓至如歸的滿意感受。

◤ 形式的不同

　　辦桌的形式分成為外燴、餐廳宴客及叫桌三種。外燴是指廚師到客戶指定的地點現場料理、提供餐飲服務；餐廳宴客則是在店家固定的環境地點舉辦，叫桌則是由總舖師事先把所有料理完成後，一次性送到客戶家中或指定地點。

考慮不同的辦桌主題，也會對應到不同的菜式擺盤；但因為現今社會餐飲方式的改變，尤其是深受吃到飽餐廳的影響，也有越來越多的人期待辦桌的菜色能有更多的創新。在傳統時代，舉辦這樣的流水席時，餐飲業者會在路邊搭起臨時的棚架，並準備排列整齊的桌椅；然而，在多數地方都漸漸都市化之後，能夠在戶外辦桌的場地相對減少之外，消費者對於用餐環境的要求條件也逐漸有所改變。

就像電影《大喜臨門》那樣的辦桌型婚宴，不但會受到颱風下雨等天候因素影響，天熱的時候現場是否有空調、餐飲製作的環境衛生、以及宴席過程中可能產生的噪音與垃圾廚餘，都影響了我們對戶外辦桌的接受意願。但是這並不代表辦桌文化會就此消失，反而能經由創新的元素來達成意義的保留，就像不少人仍然會邀請總舖師來辦桌，但是將場地選擇在室內，或是也有不少一般的餐廳轉型，以專辦桌外燴的型態來經營，服務包含婚宴會館和旅行團等類型客戶，也都是希望能接待更多團體性質的消費客群。

■ 菜色的演進

而辦桌菜色的改變也是一種必然的趨勢，除了傳統的辦桌菜色，現在的辦桌也很常見像是日式生魚片、美式炸物，甚至是德國豬腳，除了傳統高級的酒家手路菜之外，像是佛跳牆、酸菜白肉鍋，甚至是客家及原住民料理，也都開始出現在辦桌的菜單上。另外就像早年的「菜尾湯」，是將剩菜倒進鍋裡，額外加入

食材與調味後重新烹煮，現在則是直接取材新煮一鍋，才能符合現代消費者對衛生條件的要求與期待。

　　事實上，辦桌文化雖然經過了時代演進、疫情衝擊與消費者的思想習慣改變，但是作爲華人獨特且重要的宴飲方式，辦桌仍具有相當的重要性，在我們也可能希望在家就能方便享用的同時，購買幾道冷凍預製的辦桌菜餚，或是人數雖少也能相聚共餐的分量，甚至是在更舒適有特色的場地與親友團聚，享受具有意義的辦桌菜，也都是讓辦桌精神能繼續延續下去的創新方式。

火　鍋

◖ 最普及的餐飲類型

　　在台灣，因爲飲食文化多元的緣故，不少人從小就能在許多餐飲類別中逐漸找到自己喜歡的食物，其中一種廣受歡迎的餐飲型態，就是火鍋。

　　吃火鍋可說是華人社會最重要的用餐方式之一，火鍋的用餐方式有種自我參與的儀式感，尤其是我們可以親身參與料理的過程，經由店家提供餐點、烹飪環境與設備，再依據自己的喜好調整。只要開上一鍋，不論是家人、朋友、同事、情侶，都能很快融入用餐的快樂氛圍中。根據《食力調查局》2022年的調查統計，一個月吃一次以上火鍋的受訪者佔85.6%，更有高達33.4%的民衆每週都會吃一次火鍋。

不論是什麼季節，台灣人對於火鍋的喜愛向來只增不減，甚至在《2018台灣連鎖店年鑑》中也曾指出，台灣的連鎖產業中，有將近4成為火鍋店。雖然也不少人享受自己一人一鍋的獨食時光，然而大家聚在一起吃著熱呼呼的火鍋、聊著家常事，也成為台灣特有的「火鍋文化」。國內火鍋的風味範疇包含從傳統轉型的台式薑母鴨、羊肉爐，以及中華文化的東北酸菜白肉鍋、四川麻辣鍋、港式火鍋，再到異國風味的日式涮涮鍋、壽喜燒、韓式石頭火鍋、以及南洋風味鍋等等。

　　隨著餐飲環境的更加多元以及消費族群的改變，像是從夜市起家、能一人獨食的臭臭鍋、家庭聚餐的高湯鍋、甘蔗鍋，到多人共食且不限量的麻辣鍋吃到飽，更加凸顯了台灣在火鍋餐飲的多元面貌。

　　我自己小的時候因為家中長輩來自東北，所以對於酸菜白肉火鍋有著特別的印象。尤其是每逢家族團圓的時刻，上館子來一個燒著木炭的大銅鍋，高高的煙囪冒著白煙，炭燒的香氣和道地的酸菜白肉組合，就是我冬天的回憶，也是許多眷村家庭的共同味道。而比較在地的傳統火鍋類型，也包含了像是羊肉爐、薑母鴨、麻油雞等以特定肉食為主的特色湯底。

　　常常有不少人，在面臨轉業、尋找人生新方向，甚至是想自己當老闆時，視開店為一個考慮的選項。以往最受歡迎的開店類型中，包含了咖啡店、雞排店到手搖茶飲店，都由於技術門檻較低、而且產業型態相對單純，常常是創業者的首選。我近期輔導案例及市調時發現，想經營火鍋店的業者持續增加，像是以小火鍋而言，從北到南，都有不少小坪數、座位數少，或是走文青風的店型出現。主打像是個人、年輕上班族或是學生族群，甚至餐

點價位也從 100 出頭到 200 ～ 300 元左右，選擇親民的價格作爲顧客容易入門的定價。

◖ 不同的類型

以火鍋店的經營型態來說，大致分爲：個人小火鍋、半自助火鍋、吃到飽火鍋以及單點式精緻火鍋。

個人小火鍋多半以一人一鍋爲主，店家會事先將所有的肉類、蔬菜、火鍋料煮成一鍋，價格定位較爲大眾化，也更節省消費者的烹煮時間，像是三媽臭臭鍋、大呼過癮及老先覺等連鎖品牌。現今的新型態小火鍋店更重視「個人體驗」，一人一鍋、小型調料吧台，以及經營者的個人風格。而在餐飲的提供上，強調產地的牛、豬、雞等基本鍋與特色湯頭，或是以擺盤及食器鍋具爲賣點的呈現方式，也都成了消費者願意上門嚐鮮的原因之一。

而現在競爭品牌最多的則是半自助火鍋，不但提供更多樣化的湯頭選擇，更以套餐形式來說訴求餐飲高品質、中等價位的產品及服務。店家在裝潢風格、食材擺盤上，也都有各自的特色來吸引消費者。市場上的品牌像是海底撈、輕井澤、萬客什鍋、錢都、六扇門、阿官火鍋、這一鍋、藍象廷、肉多多、打狗霸、霸味等。

吃到飽火鍋則是相當吸引年輕族群及同事聚餐，品牌之間的競爭也是相當激烈，差異通常在於定價高低、代表性食材種類、用餐時間長短與服務方式上。店家通常都會提供幾種吃到飽的價位，分成平日、白天、晚上及假日，以及可選擇的不同等級食

材，讓消費者依據自己的需求考量。市場上的品牌像是馬辣、小蒙牛、鮮友、千葉、北澤、兩餐、Mo-Mo-Paradise 等。

特色精緻火鍋則是走商業聚餐和熟客路線，多半是套餐或是單點，因為使用的食材高檔、製作湯頭特殊，服務也更為專業細緻，所以消費金額相對偏高。整體用餐環境也呈現出優雅的品味，也有不少消費者會特別作為重要慶祝時刻的選擇。市場上的品牌像是橘色、合·shabu、但馬家。

另外有資源的餐飲集團，為了針對不同消費市場及客群，會推出多個連鎖品牌，像是王品集團、築間餐飲集團等。像是王品集團旗下品牌有：聚、石二鍋、12MINI、青花驕、和牛涮、嚮辣、尬鍋等七個品牌，分別針對不同價位、用餐方式與鍋底特色搶攻市場，最大的好處是——可以透過集團的資源整合，在會員機制與優惠方案上吸引消費者能持續停留在同一個集團消費。

◾ 六種火鍋消費者族群

我歸納了台灣的火鍋類型品牌及消費者習慣後，因消費者心理層面及實質層面的差異，將其分為六種不同的火鍋消費族群，接下來分別描述如下：

1. 預算控制者：這類消費者常態性花費在用餐的費用上不會太多，在一餐正常不超過預算金額的原則下，視平價小火鍋為一天的大餐。重視 CP 值，也比較不會暴飲暴食，對品牌較缺乏忠誠度。

2. 心靈孤獨者：對於用餐的方式，雖然難免與大家一起吃飯，但其實只想好好享用自己鍋中的食物。可以接受單價較高的火鍋品牌，但也很重視一人一鍋的專屬性及整體用餐環境。

3. 計劃享受者：雖然預算有限，但口袋較為寬裕，對於好一點的食材及吃到飽的金額可以接受。不會常常吃火鍋，但會在值得慶祝的時候挑選有相當口碑的品牌來消費。

4. 團聚溫馨者：認為吃飯就是要大家在一起，不論同學、同事都最好能一邊聊天一邊用餐，大家共享一鍋就是最好的選擇，不但能增進感情，還能填滿心理的空虛寂寞。

5. 肉食主義者：對於火鍋的選擇就是追求肉，大量的肉類食材才能滿足自己的口腹之慾。尤其是吃到飽無上限的點餐方式，搭上較為濃郁的湯頭，彷彿置身在肉類天堂才能感到開心。

6. 品味生活者：偏好高級的場地及空間，價格不菲的海產、肉品，讓吃鍋成為一種偶而為之但卻有生活品質的用餐方式。在經濟及收入上也更為寬裕，因此重視品牌的口碑及整體形象。

■ 經營上的重點

但要讓這樣的特色小型火鍋店能有機會經營得長久，就要掌握幾個重點；以下是我分享自己經由認識的相關業者及輔導的經驗所得，提供給有興趣的朋友們參考。

1、火鍋的用餐方式雖為自助，但店內至少需有一位以上擁有廚師專業證照的人員（或經營者自己），才能在餐飲安全、菜色

研發及鍋底創新上讓消費者感到安心。不要為了節省成本，讓火鍋店成了只將食材跟鍋底結合的地方。關於一般員工的薪資成本平均控制在佔營運收入的 25%（上下 3%）左右。

2、精準的套餐設定能提高人均消費金額，但不要貪心的想提供過多類型，以免最終就算略為提升了顧客的選擇寬度，卻被食材成本給壓垮。另外，優先滿足消費者的基本需求，再利用價值型食材或特色自製配餐來提供消費者選擇以增加收益。

3、獨特的店內設計可吸引顧客，但獲利的關鍵仍在於掌握翻桌率及外帶客群。在店內坪數小的情況下，顧客若是在店內待得太久就會降低效益，所以適當的限時用餐是必須考慮的。另外，讓顧客可以輕鬆在家享用並指定品牌的做法，才能實質提升店面的經營績效。

4、食材採購必須勤快，採購控制能力影響獲利，也是消費者認同的基礎。原材料及耗材成本應盡量控制在收入的 35%（上下 3%），但若是可以將品牌經營成為小型連鎖店，或是與其他餐飲業者合作聯合採購，不但能降低部分成本，也能以食材特色增加消費賣點。

5、特製湯底與調料之專有製作配方更是火鍋產業中差異化的關鍵，對於獨門秘方的保護措施觀念必須要有。經典口味和季節性主題可因應市場需求的不同，但專屬品牌的獨特專利技術配方，則必須更加積極守護，避免被侵權複製。

6、租金成本的壓力常常導致業者經營能否長久，必須將租金開支控制在收入占比盡量不超過 15%；也須避免擴張過速而導致多店同時營運。另外，小型火鍋店最怕就是業者一旦生意好，不

願維持原有模式，擴大開設大型店，導致租金成本大幅提升，但營運模式卻沒有更正調整。

◗ 後疫時代的趨勢

獨特的風格與口味、食材新鮮健康、品牌理念堅持，再加上從經營層面嚴格管控，價格定位清楚、嚴守投入成本，搭配品牌行銷提升人均消費金額及翻桌率，並結合外送外帶市場。雖然小型的火鍋店被複製性並不困難，但在特定區域的餐飲缺口及現今消費趨勢的紅利下，火鍋店仍然有一定的發展空間。

如今，一頓看似簡單的火鍋，其實內容也蘊藏著店家為留住消費者而打造出的各種行銷鍋料，從店面裝潢、品牌理念、菜色種類、優惠活動等宣傳手法上，都能夠看出店家的用心；但如何針對不同族群更進一步滿足消費者的需求，則成了品牌長期發展的重要關鍵。

火鍋店的種類及形態上也越來越多元，當整體市場及開店數不斷地擴大增加，這時代各類型消費者對品牌及商品服務品質都有更多的要求。早期我們常常認為，經營火鍋業不一定得具備獨特的專業烹飪技巧，因此入行門檻相對較低，認為店家只需要準備湯底、食材及烹飪設備，就能開店做生意。

然而像中國已於近期將「火鍋料理師」正式規範為中式烹調師職業下的新工種，定義為專指「從事火鍋鍋底、醬料、蘸料的製作，菜餚預製，菜品切配並具備一定餐飲經營、管理能力的人員。」這也代表了火鍋專業化的時代正式來臨。

但是，當消費者越來越重視用餐的體驗過程時，如何提升消費者的回頭率及新客觸及率，就成了後疫時代各家業者的重要策略。尤其是在同一商圈內有許多的火鍋店時，例如台北西門町及台中公益路一帶，競爭都相當激烈。在疫情期間許多火鍋業者試圖以外帶的方式維繫顧客，但卻常常使消費者因過去的期待與印象，反而餐點在外帶後感到有些失落，像是餐食份量縮水、湯頭風味有落差、失去在店內用餐的氛圍而導致價值感落差等。

　　消費者對不同的火鍋品牌及用餐形式之期望與滿意度，都是造成內用與外帶感受有所差異的主因。當我們能夠自由外出用餐時，業者若希望能提升消費者外帶外送的營業額，就必須從餐食所提供的內容物升級，增加時令新品、地方性限定產品、聯名產品，並結合節慶議題，或搭配世界盃商機等方式，提升消費者願意選擇外送的新鮮感；畢竟當凌晨2點大家都睡了的深夜時分，還能在家舒舒服服看球賽的同時，享用熱騰騰的品牌火鍋當宵夜，這時消費者對品牌的滿足和認同感怎麼可能不爆棚？

吃 到 飽

▪ 豐盛的饗宴

很多時候，當我們在刷短視頻看短影音時，都會看到一個或一群很會吃的人，到吃到飽餐廳消費，同時還會喊口號：「要幫年輕的老闆上一課！」而這樣的視頻不但紓壓，還會勾起我們想去吃到飽餐廳挑戰的慾望。

「吃到飽」是指消費者在一定金額內，自由享用無限量供應的餐飲形態。國內的吃到飽餐廳，已經成為現代人聚餐的常選場域之一，像是各大飯店都在提升吃到飽餐廳的規模水平，還包含自助火鍋、燒烤店、港式飲茶、素食、甜點，以及複合式料理等各類餐廳形式，也有如附屬於牛排館的自助沙拉吧。

吃到飽餐廳獨特的經營方式能同時滿足不同目的組成的消費者需求。吃到飽餐廳中的菜餚品項包含：西餐中的燉、燴、炒、煮菜餚，也有沙拉、麵包、湯品及甜點等；在飯店等級的吃到飽餐廳，廚師還會現場製作一些燒烤肉類，以提升料理的等級，也更能展現廚藝，顯示其掌握食材的功力與優勢。

吃到飽餐飲的服務時段與價位則多半分為：早餐、午餐、晚餐，並區分平日或假日；還有的業者會另外推出價格較優惠的早午餐及下午茶時段，也有少數餐廳是全天候開放用餐，將餐廳空間的每一個時段作最大限度的充分利用。

▪ 品質的提升

早期的吃到飽餐廳有不少是訴求「俗擱大碗」，但是隨著整體經濟起飛，飯店等級的吃到飽價位已經都要新台幣千元以上，一般的餐廳價位則是落在 500 ～ 800 元上下，不少連鎖品牌憑藉著採購優勢維持一定的利潤及價位，守住中型吃到飽餐廳的市場，但是更有走高級奢華路線的業者，以龍蝦、A5 和牛，甚至更高級的食材來吸客，動輒一人 3000 ～ 8000 元不等，就是吃個人生勝利組的概念。

我們在吃到飽餐廳用餐時，會有一種「壓縮」的用餐體驗，因為菜色多樣性高且內容豐富，有些人會希望能夠在短時間之內回本，因此會提升食量以滿足自我期望，視吃進肚子裡的食物為戰利品；但也有人只會酌量取用，卻評估以同樣的金額，在單點餐廳是否能獲得更理想的餐飲品質及用餐體驗。也因此，當消費

者過度進食後可能造成身體不適，就有可能感受到用餐的舒適度降低。

然而儘管消費者明確知道前往吃到飽餐廳，可能有浪費或不經濟的可能性發生卻還願意前往消費，這時，同行者與用餐的目的可能才是影響消費者選擇更重要的因素。

例如我自己與家人每年至少 5 ～ 7 次的聚餐時間，就常常選擇吃到飽餐廳，最重要的考量就是：在菜色及飲食習慣上，吃到飽能同時滿足不同的家庭成員，而大家一起用餐、取菜及聊天的時光，也能夠達到互相交流的聚餐目的。其實在用餐過程中，大家都已經不追求吃得有多飽，而是享受熱鬧的環境與氛圍，使過節更有感覺，同時大家也都能選擇自己喜歡的食材料理來享用，提升家人聚會用餐時的滿意度。

■ 消費需求的多樣性

蓬勃發展的吃到飽餐廳也代表了產業競爭之激烈，因此業者吸引並留住現有的消費客群是相當重要的。除了提供消費者新鮮的食材與海鮮，包含桌邊服務、環境維護與菜色定期提升加強之外，在人員訓練及主題節慶的促銷結合下，都可能是吸引消費者再次上門的原因。因此消費者除了講究食材，也在意餐廳整體的空間動線、氣氛，吃到飽餐廳的服務及環境裝潢，也是吸引消費者的關鍵點之一。然而就算現行的吃到飽餐廳已經在消費者心目中有著不錯的品牌形象，但是消費者仍會因市面上越來越多品質與環境都相當不錯的其他品牌競爭而變心。

此外，業者更需要思考對品牌的忠誠支持者提供獨特的專屬服務或驚喜。畢竟，除非該店的特色獨一無二、不可取代，否則消費者總是喜歡嘗鮮的；吸引消費者做選擇的除了豐富的美食外，選擇新品牌的用餐體驗，往往也能讓消費者感到興奮！

　　其實，值得吃到飽餐廳思考發展的，應該是對「單獨」前往餐廳的消費者更加友善。像是我身邊的朋友，常常對一個人獨享的用餐時光更為享受。哪天當我們真的就是希望一個人為自己慶生時，也能在吃到飽餐廳輕鬆自在的開心吃下 20 片牛排、30 隻蝦，然後心滿意足的結帳，這也是一種很棒的體驗。

chapter 2

肉食主義的選擇：
牛排、烤肉、炸物

牛 排

▪ 金字塔頂端的消費客群

　　印象中，在我們小時候，當長輩從國外回來探親，或是特別的家庭紀念日，能夠到西餐廳享用牛排，就是人生的一大享受。早年在台灣的餐飲風氣中，因爲牛隻身爲農民的好朋友，人類爲表達對牛隻辛勤工作的感謝，也受限於部分民間信仰，仍然有些人是特別不吃牛肉的。但隨著社會經濟條件的進步及社會觀念的逐漸改變，在經歷過股市大漲的年代，許多獲利頗豐的投資客及企業老闆，都開始選擇到西餐廳用餐，以彰顯自己的身分與財力，連帶地，牛排的受歡迎的程度也就跟著水漲船高。

　　同時，「吃牛排」一事被賦予了價值意義，成爲高檔的身分象徵。對於有經濟實力的人來說，價格不是優先考慮，但牛排館

有沒有名人上門、裝潢布置有沒有符合身分，整體服務流程是否達到水準，都是經營牛排館的業者更重要的考量。在這樣的牛排館消費時，過去打賞服務生、給小費的風氣還盛行時，不少服務員甚至獲得了不輸薪水的額外報酬；這時，牛排館從餐酒的搭配推薦，到各樣服務細節的提供，都能使消費者擁有盡享尊榮的優越體驗。

高價的牛排館像是茹絲葵（Chris Steak House）、教父牛排（Danny's Steak House），或是榮獲米其林一星肯定的 A Cut 牛排館，價格以一客一兩千元起跳到套餐價格逼近萬元，卻仍然有不少消費者樂意上門嘗鮮。而使高價牛排更具儀式感，成為節慶購買的記憶點，王品集團的出現則是扮演了重要角色。以2022年王品12月的營收來看，「王品牛排」光是聖誕、跨年業績較平日翻了至少 2～3 倍，另外旗下的餐飲品牌「THE WANG」則是拿下了米其林餐盤推薦，以「管家式服務」聞名。

近年來一些老派牛排館，像是沾美（Jimmy's Kitchen）、波麗路（BOLERO）、雅室（Steak Inn）、總督（VICEROY）、亞里士（Alice Steak House），也因為復古風的帶動下，符合消費者的懷舊商機。雖然這些老餐廳的風華不如當年，但消費者仍能在消費的過程中感受到那個時代曾經的輝煌。

另外，新一代消費者感興趣的高價牛排館品牌，則多半是跨國在台設點的連鎖知名餐廳，例如莫爾頓牛排館（Morton's The Steakhouse）、勞瑞斯餐廳（Lawry's Taipei）、史密斯華倫斯基牛排館（Smith & Wollensky Taipei）等，都是夾帶了世界巨星、政商名流曾經光顧的光環，使台灣的消費者也能與國際接軌。

◥ 庶民也能輕鬆享用

相對地，M 型消費的另一個極端——也就是夜市牛排。為了能讓更多人用便宜的價格享受到精緻的美味，夜市牛排所提供的除了能夠入口的牛排外，像是黑胡椒醬、蘑菇醬都是加得毫不手軟，附餐的鐵板麵以及用鐵板餘溫煎熟的鮮蛋、濃郁的玉米濃湯和喝到飽的自助紅茶，讓一般民眾也能享受到生活中的小確幸。同時像是雞排、豬排、魚排，甚至是雙拼選項等，也讓阮囊羞澀的學生族群到一般的小康家庭都能來上一口。

國內消費者較為熟悉的平價牛排館品牌，包括像是孫東寶台式牛排、貴族世家牛排、我家牛排、赤鬼牛排、人从众厚切牛排館等。平價親民的定位讓消費者能夠獲得吃肉的小確幸，而用餐環境及服務品質上，則讓普羅大眾即便只是吃一頓尋常的午晚餐，也能開心享用。比起夜市牛排來說，部分品牌的配餐或飲品還能吃到飽，這也是令人滿足的附加價值。

連鎖平價牛排館的商業模式，除了改良夜市牛排的肉質與口感外，較為舒適的用餐環境，以及更多的蔬菜選擇也是賣點之一，貴族世家及我家牛排甚至還提供吃到飽的沙拉吧。另外，透過集團總部的大量採購降低成本，也能使品牌價格在只比夜市牛排貴 1～2 成的情況下，提供能讓消費者滿意度高出夜市一倍的服務價值。

孫東寶則是少了自助吧的食材成本，並利用裝潢降低成本，但提高加盟主的投資回收期，使展店速度大幅提升，也大舉提高了品牌的市場能見度，達到使消費者記憶的目的。

■ 未來的市場機會

　　雖然牛排館的價格呈現 M 型化的發展，但是對於愛吃肉的消費者來說，一塊好的牛排固然很重要，但是跟誰吃、什麼原因吃以及期待的附加價值，也都會影響餐廳的選擇。或許不少人雖然平日只選擇平價牛排果腹，但當想跟心愛的女友求婚時，還是會選擇米其林推薦等級的高價牛排；畢竟很多時候我們吃下肚的不只是食物，更是填補慾望需求的心理缺口。因此高價牛排館的經營思維，就必須使節慶的特殊意義被盡量放大，給消費者一種「此生一定要吃一次」的期待感。

　　在店家的營運成本持續增加，但又要避免消費者流失的考量下，業者必須更進一步的去思考，畢竟如果當平價牛排漲價到某種程度時，消費者更可能在其他餐廳找到吃牛排的替代方案。牛排館業者必須留意的是：並非提供更多的服務，消費者就一定願意買單，而是更需要回歸牛排本身的消費目的，使消費者純粹因為喜歡吃這個品牌的牛排，而更常上門，甚至願意買回家自己煎；若只是因為便利性及附帶配餐而消費，那這時品牌的定位則更像是吃到飽餐廳，那也是能夠讓消費者願意持續上門的原因之一。

烤　肉

◾ 成功的議題塑造

　　疫情期間因為群聚戶外的烤肉活動都暫停舉辦，不少家人朋友聚餐時的烤肉料理開始嘗試在家中進行，也因此有烤肉品牌提供了訂閱制的方式來吸引消費者，但是當大家逐漸回復到正常生活後，卻發現市場上並非所有人都想回到戶外參與大型烤肉活動；更多人反而發現，其實到烤肉類型的餐廳用餐不但省時省力，還能有更多的食材選擇。

　　從 1986 年萬家香醬油運用了「一家烤肉萬家香」琅琅上口的廣告詞，使中秋烤肉風潮崛起，我們從過去的救國團、學校迎新宿營，幾乎每年都會來一次熱鬧的烤肉儀式，這開始正式成為節慶餐飲的一部分。

然而近年來，許多連鎖烤肉餐飲品牌興起，再加上露營風潮帶動，烤肉類型的料理方式已經從「偶爾吃」逐漸演變成「想吃就吃」。烤肉的方法及設備組合商機繁多，包含從烤肉爐、烤肉架、炭火及瓦斯、食材、烤肉醬等，另外還有適合室內使用的電型烤肉設備。疫情緩解之後，消費者在家烤肉的必要性雖然降低，但是可能在疫情期間也已購入現代化的烤肉設備，所以，消費者想在家自己烤一塊好吃的牛排，門檻也降低不少。

也有不少業者主力於販售整組的便利性烤肉套餐，讓在家烤肉成了一種享受，三五好友烤著肉喝點酒，喝累了就在友人家打地舖休息，還能避免因用餐後酒駕行車的風險。對我們來說，若是原本有在特定品牌消費的習慣，一旦當該品牌推出烤肉套餐時，消費者除了考量價格，業者還能在客製化及訂閱制上努力，畢竟消費者不會每次都只想吃一樣的食材，也可能會依不同的烤肉對象和目的來調整消費內容。

▚ 食材的選擇不同

烤肉的主角自然是肉類，但其實還有很多種類的食材與食物都可以透過燒烤增添多一分的香氣，包括海鮮、蔬菜、菇類、水果，甚是甜食。我們常因準備的燒烤食材是否合胃口，而影響了當下的滿足感，若能事先規畫準備一些受歡迎的食材，還能讓人更加感到幸福療癒！然而，有些食材雖然健康，放在「烤」場上，可就沒這麼受歡迎了！

我曾以及近二十年的烤肉經驗做了個趣味調查，整理出療癒感及悲傷食材的五大排名。

◆ 療癒感食材前 5 名：

1、牛小排 – 直接上手啃就是美味

2、整隻魷魚 – 實現海鮮自由的起點

3、戰斧豬排 – 浮誇的畫面是拍照好時機

4、龍蝦尾 – 難得的奢侈

5、棉花糖 – 美好的甜蜜時刻

◆ 悲傷食材前五名：

1、金針菇 – 明天見

2、沒蛋的蛋蛋魚 – 今天不太幸運啊！

3、過硬的甜不辣 – 拳頭都硬了

4、冷掉的烤土司 – 工具烤肉人果腹的食物

5、青椒 – 感覺別的食材都有青椒味了

⬛ 烤肉餐廳的便利性

只燒烤餐廳則是將室內烤肉的效益發揮到最大。國內的日本、韓國及台灣業者都各自發展出具有代表性的烤肉品牌，讓消費者既可以享受烤肉的氣氛，但又能省下許多事前的處理與準備。在國內，日式燒肉店是最大宗的主流類型，甚至還延伸出單人也能享用的旋轉燒肉餐廳、吃到飽燒肉餐廳，以及高價的單點燒肉等類型。

另外，喜歡精緻露營及美系烤肉的消費者也不少，像是將食物放在烤肉爐的鐵網上蓋上蓋子，經過一段時間煙燻而製成的美式烤肉，或是將肉類與蔬菜串在一起，慢慢用大火燒烤的南美窯烤料理，雖然無法親自體驗、均由專業的店家動手料理，但仍是許多烤肉餐飲愛好者的心頭好。

源於新疆與蒙古一帶的烤肉形式，食材尤以羊肉為主，加入大量的孜然等獨特香料，吸引消費者目光，在不少夜市景點常能見到。日式燒烤除了炭火烤肉外，鐵板燒烤肉則是另一種用餐體驗，透過廚師精湛的表演現場料理，將新鮮食材原本的風味盡情展現，將美味發揮到最大值，再加上料理現場的聲光五感效果及烹調過程的整體氛圍，也吸引不少高級餐飲以鐵板燒料理作為主打。

此外，在國內夜市還有一些攤販，會讓消費者自行選擇蔬菜與肉類裝在一個碗中，再用類似蒙古烤肉的方式在煎盤上大火快速料理，可惜這些年因為成本因素及國人餐飲習慣的變化，這樣的方式變得越來越少見到。

還有像是連鎖的蜜汁燒烤，以及台灣原住民的特殊烤肉料理，用炭火加熱石板來燒烤山豬肉、香腸及一些原住民風味食材，都形成了獨特的台式烤肉文化。

　　對國人來說，烤肉的類型不但多元，而且因為料理方式有時能讓人親身參與，別具樂趣；也有些烤肉料理光靠香氣及觀看職人烹調的料理過程，就能讓人胃口大開，因此有更多品牌投入烤肉料理餐飲服務的行列。或許在不久的將來，我們就能看到更多神奇的食材搭配及烹調烤法，使烤肉料理變得更生活化。

炸　物

◥ 罪惡的歡愉感

　　越來越多人會在忙碌過後，來點罪惡但美味的炸物。我們對於炸物的喜好，很大一部分原因除了好吃，更因為炸物具有一種能療癒身心的感受。不論是聚餐時刻或是個人獨享，一份鹽酥雞、一塊大雞排，還是兩塊炸雞、配上冰涼的可樂或啤酒，再來點其他搭配的炸物小點心，幸福指數瞬間爆表。

　　說起國內的夜市美食，不少人第一個想到的就是鹽酥雞，這也是少數從北到南、不同區域都能找到當地人特別推薦的在地特色美食。

　　另外，若是說到炸物中最能享受整塊大口咬下樂趣的，則非雞排莫屬。酥脆的外皮，搭配鮮嫩多汁的雞肉，大口咬下就是滿

足。更有不少店家堅持雞排不分切，才能保持美味。

然而當我們想坐在店裡，好好地享用炸物這樣的美食時，連鎖炸雞店則能符合消費者的此一需求。根據行政院農委會統計，國內肉類總供應量 2019 年為 1963.2 千噸，其中肉雞年產值位居第二名，飼養雞隻達到 2.2 億隻，商機超過 300 億以上，其中雞排及鹽酥雞的占比也不容小覷。

雞排主要使用的是雞胸肉，整片手工去骨、按摩，以提升肉質口感；鹽酥雞則是將雞肉切成小塊，再用醬料醃漬入味，最後裹上油炸粉或麵粉漿準備油炸。現在鹽酥雞一詞更已經成為泛指各式炸物的結合。

同樣是以雞為主體的炸物，卻呈現出了三種大不相同的面貌。

鹽酥雞在各地多方源起，至今不易追溯其最初來源，但就我對市場的瞭解，師園鹹酥雞、台灣第一家鹽酥雞創始總店、肥豬的攤、台灣鹽酥雞等都是台北市鹹酥雞市場的先行者，而獲得 2022 全國鹹酥雞嘉年華獎項的許多品牌，也在台灣從北到南各地擁有許多在地朋友的支持。

至於北市雞排店的始祖，據中央畜產會於 2006 年時推測，應該是位在臺北市的鄭姑媽小吃店，這也是 1980 年代第一間大量採購雞胸肉的商家。現在市面上的豪大大雞排、魔法雞排、艋舺雞排及 2 派克脆皮雞排等，都是大家較為熟悉的雞排品牌。

外來的美式炸雞

　　整塊的炸雞市場在國內的發展，則是由80年代美式速食業者帶入，透過廣告及新生活型態的建立，達到快速擴張的成果。以當時來說，麥當勞（McDonald's）、肯德基（KFC，Kentucky Fried Chicken）及德州小騎士炸雞（Texas Church's Fried Chicken）等品牌，各有自己的支持者；也有不少國內的炸雞品牌，表現相當突出，像是拿坡里（Napoli Fried Chicken）、德州美墨炸雞（Rangers Fried Chicken）、21風味館、昌平炸雞王、炸雞洋行（Chicken House）、丹丹漢堡、Dicos德克士脆皮炸雞、胖老爹及摩斯漢堡，都各佔據市場分額。另外具有特殊臺式風味的頂呱呱、繼光香香雞，也因風格與炸法別具一格，也有不少消費者死忠支持。

　　近年來因為韓風的影響，也有不少消費者喜歡這類裹上醬汁的韓式炸雞，不但自《來自星星的你》帶來一股旋風外，韓式炸雞更為多元的調味方式，搭配時尚套餐以及包含bb.q CHICKEN、NENE CHICKEN、起家雞及一樂炸雞等連鎖品牌的大量展店助攻，儼然成為能與前三大炸雞料理齊名的一股力量。

　　韓式炸雞除了風味及口感不同外，還具有的一項特殊優勢就是寬廣的使用時機。多數炸物若放冷了都很難討喜，但韓式炸雞卻特別訴求──涼了也好吃，這也讓不少無法及時用餐及習慣叫外送的消費者，增添了選擇的意願。

　　炸雞市場一直都處於競爭成長的階段，而鹽酥雞及雞排更是至今尚未出現全國性的領導品牌，誰能搶下消費者的「心佔

率」，就有機會拿下自己的一席之地。鹽酥雞的發展跟夜市文化有高度的綑綁，同時各地消費者對偏好食材的組合搭配，也有特定區別。像是炸魷魚、皮蛋、金針菇或是內臟等，都成了各家的特色與獲利來源。雞排的品牌雖然市場上已開始有一些連鎖店在發展，但是在各地消費者的心目中，哪個才是第一名仍然具強烈主觀的在地屬性。

◗ 連鎖擴張的眉角

　　不論是鹽酥雞、雞排還是炸雞，在產業經營上都有一個特色——入行的門檻較低且初期投入費用較少；若是能成為連鎖品牌的話，只要作業流程能達到標準化，就能迅速實現開店規模的成長。

　　以我自己曾看過的加盟規範來說，雞排及炸雞的加盟主大約 10 ～ 15 天就能掌握店內的炸物技術，而鹽酥雞則是因為食材品項較多，但一個月內有機會都能學會。至於味道的差異上，胡椒粉及入味調料是關鍵，因此業者想要打開市場並且突破重圍，就必須掌握這兩項重點。

　　不過，我在此還是要提醒有心進入這片「雞海市場」的朋友，由於原物料的成本持續攀升，健康議題及品牌行銷也都需要業者持續投入資源來與消費者溝通。當一塊雞排破百元，隨便點幾樣鹽酥雞也要 200 ～ 300 塊，炸雞則是容易膩而無法當作常常享用的美食，如何運用其他飲料、點心的搭配，甚至是規劃組合套餐來提升消費者的回購意願，對業者來說就是一門非常重要的功課了。另外，對於我們愛吃炸物的人來說，嘗鮮的食材運用和

風味也很重要，當有新的產品及話題推出時，都更能帶動消費者
有再次回購的機會。

chapter 3

時代的好滋味：懷舊、日本料理、
東南亞料理、麻辣、老店品牌再造

懷舊

■ 不同消費者的懷舊認知

　　在臺灣有許多使用懷舊元素的行銷方式，例如在廣告、節慶或是老街及主題餐廳，「懷舊行銷」就是運用許多我們生活中過去的時代記憶、曾經的使用過程經歷等元素，或是再次體驗以往的使用經驗，最後達成業者期許消費者對懷舊文化所產生的認知。像是小時候我們可能對於某種品牌的餅乾、巧克力，甚至是一道菜餚念念不忘，因為那是存在於遙遠的記憶中，使人特別印象深刻地餐飲經驗。

　　懷舊可能喚起人們和平愉悅的記憶，也可能讓人回到動蕩風雨飄搖的年代，每個人對懷舊的認知，就算是同一個時期的懷舊元素，也會因個人過去不同的經驗、片面的理解及自我投射而

有所不同。從臺灣的歷史文化背景，衍伸出以下三種主要的懷舊文化：

1.既有常民文化：像是原住民、閩南、客家以及從二戰時期遷臺的外省文化等。

2.日本文化：許多餐廳的設立時間皆為日本殖民時代建立，因此日系懷舊元素已常常出現在我們周遭，並深受重現。

3.歐美舶來文化：尤以特定餐飲品牌長期在台灣對消費者行銷溝通銷售，很多人從童年便耳濡目染，長大後更是有深刻的情感連結。

當品牌使用懷舊元素行銷時，可以從兒時記憶中找到當時使用產品的時機、生活場景，以及對產品舊包裝、吃起來的口感或是過去的用餐印象等，抽取相關元素做為懷舊餐飲服務整體規劃的方向，將過往的記憶經由行銷包裝成為懷舊賣點。

透過不同的時空氛圍讓消費者自身產生與情境的關連性，卻又帶點新奇感。對消費者而言，懷舊不單純只是懷念過去，更像是種主題旅行。因此，我在此提出，疫情後能夠作為台灣特殊旅遊文化來吸引國際觀光客，也同時能打動國內消費者的，就是「懷舊行銷」。

特別偏好懷舊的消費者消費者可分為三類：

1. 明顯年紀稍長的族群：此族群的消費者為經歷過當時年代的人，對於品牌印象與使用經驗感到美好。並且因為通常擁有較高的消費能力，遇到喜歡的品牌，會比較願意提高消費金額，

通常是以家庭或團體的形式前往消費。

2. 年紀輕但喜歡傳統元素的族群：此族群透過懷舊的過程去認識過去的美好，雖然對於當時的記憶較為陌生，但卻又十分認同此記憶具獨特性。而這類族群也會希望品牌能在保留傳統之外加上創新元素，不時增加驚喜感。

3. 對異國傳統文化感興趣的族群：這也就是我們未來的商機來源。此族群多為國際觀光客，他們是對與異國傳統文化有所連結或曾經特別感到興趣的族群。像是華僑或曾在台留學的外國朋友，或曾到臺灣旅遊，且對台灣有好感的旅客。透過每一次的懷舊旅程，能累積消費者對城市、品牌及異國文化的認識及愛好。

◗ 世代的差異

就世代差異的角度而言，年輕一輩的消費者特別喜好追尋爺爺、奶奶、爸爸、媽媽那個年代的時代記憶，同時也經由追尋自己陌生的兒時記憶，從過程中得到滿足。至於對當時那個年代的人來說，過去數十年前的生活回憶及使用的品牌，對自己也具有特殊意義及一定的好感度。藉由懷舊行銷找回屬於記憶中的美好年代，從懷舊的過程中，使觀光行程體驗與過去的記憶產生連結，甚至可經由懷舊，釋放現實生活中的壓力。

透過懷舊元素的再利用，使消費者產生新的記憶點，這也是獨特的賣點，使消費者在重新回歸現實生活時，對我們所塑造出的情境念念不忘，成為台灣邁向國際的獨特旅遊元素。

也有不少觀光工廠早已使用懷舊元素，使消費者產生興趣，

再次認識品牌。會前往觀光工廠的，很多都是向來支持品牌的消費者，其中懷舊元素便成為不論是導覽、體驗或是佈置都能應用來吸引消費者很重要的一個元素。

懷舊行銷儼然已成為一種潮流，餐飲業者透過引導帶領消費者對過去未曾經歷的時光產生認同，使用舊物件模擬過去的生活感而使消費者得到懷舊的滿足。

也有不少餐廳常將過去既有的文物重新包裝，使其成為消費者參觀、體驗的一部分。消費者藉由模擬想像以了解前人與品牌之間的連結。透過懷舊行銷找出自身品牌與文化元素間的關聯，尤其在消費者對品牌感到陌生時，能透過懷舊文化增進消費者對品牌的情感認同。

日 本 料 理

■ 影視作品傳播記憶

　　「老闆，給我來碗豚骨拉麵！」在《孤獨的美食家》劇情
中，男主角每次都能在工作之餘到各種不同的小店，享受美味的
日本料理。而在國內的飲食文化中，日本料理也一直佔有重要的
一席之地。除了過去歷史脈絡的影響，很多對於日本偶像劇、電
影甚至是動漫作品有偏好的人，也常常會對於日本影音動漫中的
餐飲型態，有更高的偏好度。還有像是《料理東西軍》、《火力
全開大胃王》等日本綜藝節目，更是帶動了不少消費者對劇中的
名店產生興趣，並且在去日本旅遊時前往朝聖。

　　「壽司」、「拉麵」、「懷石料理」這三樣，可以說是日
本料理在台灣的主要代表，而延伸的像是生魚片、丼飯、定食、

天婦羅、關東煮、大阪燒、壽喜燒及燒肉等，也都有消費者各自青睞。另外日本料理中也區分為「和食」與「洋食」，不少日系的洋食餐廳，例如結合咖啡的客美多 Komeda's Coffee、以咖哩為主的 CoCo 壹番屋以及王品集團旗下的陶板屋，在國內也有一定的能見度。

▪ 拉麵的忠實消費者

日本拉麵最初是以中國湯麵的形式再加改良，常見的湯頭口味包括醬油、鹽味、味噌以及豚骨，業者運用專業的熬湯技術，使湯頭擁有多元而豐富的味道，另外沾湯、麵條、配料等不同組合，也使消費者有各自的選擇偏好。一風堂、鷹流拉麵、一蘭或屯京拉麵等連鎖品牌，都帶著日本知名品牌的光環，持續在國內拓點發展中。

除了日系連鎖品牌之外，獨立創業的特色拉麵店在國內市場也相當盛行，像是條通商圈的特色拉麵店，也都有相當多的在地支持者，甚至還有人製作專門的拉麵美食地圖指南，讓消費者更方便的嘗鮮。透過經營者的理念來設計產品的口味，甚至是消費者的用餐客規範，都能達到凝聚熟客、打造專屬風格的目的。而這群拉麵的忠實消費者，所關注的品牌及新話題，也常常是媒體的焦點，像是一蘭拉麵曾推出購買伴手禮達 3000 元即可提前入座的優惠方案，就非常適合忠誠的消費客群。

◦ 壽司的在地化發展

　　要說到連本土企業都能容易經營發揮的，則是壽司這個品類。尤其台灣因爲擁有環海的在地優勢與長期國際貿易談判經驗，對各種價位海鮮食材的取得及掌握也更加容易。再則是國人與其選擇單吃生魚片，還是會選有米飯的壽司來增加飽足感。

　　壽司主要由醋飯、魚蝦貝類甚至是肉類及蔬果的組合，因爲早期專業的壽司師傅培養不易，所以想到餐廳品嘗壽司時，都得付出不少花費，但是在業者導入系統化及專業化的技術之後，迴轉壽司的經營方式也讓消費者更容易接觸購買。

　　以台灣市場來說，爭鮮、藏壽司及壽司郎三大品牌佔據了整體連鎖壽司大部分的市場，多元的消費體驗及主題產品的季節推出，也讓消費者願意時常光顧。有意思的是，雖然日本來台的品牌有一定的水平，也有不少消費者會因爲促銷活動或扭蛋贈品而上門消費，但是台灣品牌也因爲在亞太地區的表現亮眼，也因創投的資金挹注而使品牌的拓展更上層樓。

◦ 懷石料理走高檔市場

　　至於比較少見且價位較高的懷石料理，則是商務餐會及精緻飲食的代表，甚至不少品牌還獲得米其林的認證推薦。日本料理依等級區分爲大饗料理、本膳料理、精進料理及懷石料理。尤其是日本料理較爲強調發揮食材原本的味道，所以常常訴求「季節限定」或「當地限定」的「旬」料理。

懷石料理為了表現出高級感，從廚師的專業背景與刀工、使用的食材、食器間的搭配、以及整體用餐的氛圍都息息相關。在疫情開放解封之後，也有不少人希望回到餐廳用餐，這時想感受日本文化獨特的懷石料理，就成了相當熱門的選擇。

事實上，在越來越強調健康的「原食」時代，不少人都會將日本料理視為日常選擇，不論是方便平價的壽司、暖心暖胃的拉麵，還是強調品味的懷石料理，就消費者還不能出國，至少可以用味蕾來一趟豐富的日本之旅。

不過從市場發展的層面來說，當消費者選擇日本料理作為偏好餐飲時，背後也代表對日本文化的偏好度高，這時除了國內市場的競爭外，疫後時代不少消費者更期望能直接飛到日本消費，業者更須提升自己的競爭力，以免消費者拿品牌與海外比較時，反而產生了失落感。

東 南 亞 料 理

◾ 異國文化的吸引

在全球國際旅遊市場交流中，鄰近的東南亞國家與我們有相似的文化背景，易受國人所青睞，尤其是異國美食的吸引力，更是許多人願意前往嘗鮮的原因。包含酸辣開胃的泰式料理、風味獨特的越式料理，以及熟悉又創新星馬料理，背後除了台灣的氣候相似、食材取得的便利性外，更重要的是因為有足以支撐市場的消費者支持。不論是在台開店的創業者，或是因思鄉而上門的東南亞友人；其中，留學生及新住民朋友都成為支撐產業發展的主力之一。

根據交通部觀光局的統計數據顯示，111 年 1 ～ 12 月累計國人出國的海外目的地，像是越南的 133,203 人、泰國的 104,892

人、新加坡的 78,961 人，以及馬來西亞 29,909 人，分別佔據全年出境人口的第 4、5、6 及 11 名。當我們在當地旅遊留下美好的記憶並產生偏好的同時，也更願意在回國之後前往類似的風味餐廳用餐。即便是尚未造訪過這些東南亞的國家的消費者，也能在短視頻、電影戲劇及新聞媒體中，獲得對異國美食的初步認識，這使得消費者即使是初次造訪這些東南亞餐廳，也不會感到太過陌生。

▪ 泰式餐飲國際化行銷

而東南亞料理在台灣發展得最成熟的，當屬泰國菜。泰國料理的型態豐富多樣，包括湯、咖哩、海鮮、沙拉及熱帶水果等，多半帶有香辣的調味與吸睛的配色，料理中還經常使用各式香料，比如辣椒、檸檬草、香茅、羅勒、薑科植物等，風味上也別具特色。飲料方面則有極具辨識度的泰式奶茶，雖然甜度可說是連螞蟻都受不了，但特殊的茶葉香氣加上濃郁煉乳反覆調和出的香醇絲滑，也獲得不少國內消費者的支持。

同時，泰國政府透過推行「世界泰廚計畫」（Tai Kitchen Goes International），動用國家資源全力協助輸出泰式餐飲，也讓更多消費者經由餐飲帶路而對泰國的觀光旅遊產生興趣。以泰精選（Thai SELECT）的制度來說，是泰國皇家政府為了推廣泰國菜，在全球所推出的一種評鑑制度，全台灣目前共有 51 家泰式料理獲得認證。

像是帕泰家╱饗泰多泰式風格餐廳╱藍象廷泰鍋╱頌丹樂╱晶湯匙╱Nara Thai Cuisin╱阿杜皇家泰式料理等品牌，都取得了相關認證，也因此吸引更多對泰國餐飲有興趣的朋友，或是曾去過泰國旅遊，並對當地餐飲回味不已的消費者，能就近在台灣享受正宗泰式美食的風味。

另外，國內的上市公司瓦城集團，便是以泰式餐飲起家，2012 年正式掛牌上櫃，全名為「瓦城泰統集團」，旗下包含了泰國料理「瓦城」及「非常泰」新泰式麵食、「大心」等各品牌，也將泰式餐飲變得在地化，更親民的使一般國人更易於接受將泰式料理融入生活，作為日常飲食的一種選項。

▪ 新馬地區留學生的影響

但真正讓東南亞餐飲在台灣迅速發展的主因，尤其與我們身邊的留學生及新住民朋友有相當關係。根據教育部 2022 年統計，在台灣留學的外籍生中，來自越南的有 18,755 人、印尼 16,426 人、馬來西亞 12,510 人，泰國也有 2,831 人，當學生來台唸書，甚至留下來就業時，常常會將自身家鄉的飲食文化，推薦給其他同學朋友，甚至當自己想要在台創業時，也會考慮選擇餐飲業，不但能繼續保留記憶中的美味，也能讓更多的同鄉朋友一解思想之情。

馬來西亞和新加坡主要為馬來人、印度人、華人三大種族，餐飲料理方式也相當多元。但是來台的學生多半是華文語系，也連帶影響了料理的方式，更容易融入國內。也因此，像是我常去的台大附近，就有很多的馬來西亞風味餐廳，不僅員工，連店內

的消費者也有不少是馬來西亞同鄉，也有很多國內的消費者上門。除了道地的娘惹菜、馬來原住民的傳統美食，台灣的星馬餐廳常見販售的包括炒粿條、叻沙麵、海南雞飯、肉骨茶、辣椒及黑胡椒海鮮，以及美祿飲品，都蠻能符合台灣消費者的在地口味及嘗鮮需求。

◦ 越南籍配偶創業精神

另外，隨著異國愛情逐漸被廣為接納，境外移入的東南亞籍台灣新住民，也成為擁有龐大商機的消費及創業群體，依據內政部移民署的統計，截至 2022 年為止，與臺灣人因婚配而來臺依親與定居的新住民，再加上來臺工作的外籍移工，總計約有超過 60 萬人以上，尤其當中來自越南的就超過了 34 萬人。

這時，像是有不少越南的新住民會在考量維持家計並發揮個人所長的評估下，運用自身所具備的烹飪技巧，同時結合越南風味與台灣在地食材，將故鄉的美味融入餐飲中，在資本有限的情況下，多半開設了家庭小吃店型態的餐廳。

越南的飲食文化長期以來接受了中華與法國殖民文化的影響，像是越南三明治選用的是法國麵包，越南春捲、河粉和米線則是與雲南及廣西的料理相似，另外越南咖啡則是加入煉乳，喝法也維持著古法——將咖啡粉放入滴漏壺中滴濾，特別具備一種異國情調。

另外，越南料理喜歡加入魚露、生鮮蔬菜及香草植物、水果、海鮮等來烹飪，調味豐富卻清爽的湯頭，都使消費者上門回頭消

費的機率提高。尤其是魚露（魚醬油）的運用，也成為越南飲食中特有的味道，像是生牛肉河粉是以牛骨、牛肉、香茅以及蔬菜一起熬製，再加入蔬菜以及魚露、檸檬、辣椒等調味，相當受到喜好牛肉料理的國人歡迎。

越南庶民料理的價格不但親民，且口味也很能被一般國人所接受，不過也因為現在市面上的越菜館子多半是越南新住民朋友自行創業，較少具連鎖規模的品牌，所以不論是整體餐廳裝潢或是店內風格，在整體上並未充分具備越南的特色元素；另外還有不少專門以越南三明治為主打商品的夜市小吃，也受到許多消費者支持。

市場上較具規模的像是北部的誠記越南麵食館，則是少數規模化經營的越菜品牌，王品集團旗下曾有主打中高價位的沐越越式料理，可惜因疫情及經營型態等問題，最後選擇收攤。

◼ 文化交流與創新

當來自東南亞的留學生及新住民，希望透過餐飲與自己的同鄉一起在台灣建立歸屬感時，更會希望保有家鄉美食原有的傳統風味與面貌，因此即便台灣的印尼移工與新住民伴侶人口為數眾多，受限於料理的用餐形式之文化差異，印尼餐館上門的顧客還是以印尼朋友居多，較少見到台灣本地的消費者上門。我自己也曾嘗試在台北車站附近的印尼小吃舖特別上門體驗過幾次，其實料理本身也獨具風味，但除了嘗鮮之外也談不上特別喜歡。

人們身在海外的陌生環境，可能因面臨文化衝擊而感到失

落，無法適應融入新環境，若滯台的原因是學業或工作任務，完成後即可選擇返回自己的母國。但身為台灣配偶的新住民，則長期留駐台灣，將成為跨國文化之間的橋樑。透過家鄉風味餐飲的存在，一方面療癒自己的思鄉之情，同時成為疏離異國文化下的陪伴，另一方面又可以成為自己身處異鄉時的謀生方式。

另外，在社群媒體盛行的年代，我們也更需要重視消費者的評價及口碑推薦，經營風味獨特的東南亞餐飲，其實也需要持續與消費者溝通、不斷進化，尤其是當消費者滿懷期待上門卻失望的質疑價格太貴、口味不道地時，經營者也要有可能收到負評的心理認知。

若是異國風味餐廳能經由當地的留學生及新住民朋友推薦分享，再加上經營者本身願意運用故事行銷的方式，讓消費者更進一步了解品牌所保留的傳統與創新的元素，並持續與消費者溝通影響餐飲定價的原因，自然會有消費者願意思考，究竟是選擇光顧那些裝潢陽春、平價但口味經典的小店，還是前往具精緻異國氛圍、價格相對較高的新創異國餐廳。

東南亞餐飲在台灣的發展可說是持續都在成長，其背後的文化連結及消費行為，更是重要的推手。當我們經由餐飲認識這些國家，因此愛上想前往旅遊，或是接受外籍學生及新住民的推薦，以及透過周遭友人的社群分享，吸引更多人對東南亞料理有更多的喜愛時，不但能開啟個人味蕾的國際探索，也能因此更加認識我們身邊的這些國家及朋友，進而帶來更多正面的交流與互動，這也是餐飲行銷所創造的新價值。

麻 辣

▪ 辣醬的畫龍點睛

　　是美好的味道還是鄉愁？在台灣，許多人到小吃攤，不論是肉粽、擔仔麵，還是肉圓，總是習慣加上幾勺店家準備的辣醬，有的可能是當地知名品牌，但更多的是店家自己精心製作的限量好味道。其實辣醬常常是以複合的形式組成，成分可能會以辛辣食材爲基底，再加入蔬菜、肉類、海鮮、植物油、豆瓣、以及其他辛香調味輔料，製成不同風味、形態和功能的調味品。

　　根據經濟部統計處的資料：2021 年調味品產值約 181 億元左右，整體調味品市場包含醬油、食醋、蠔油、味精、食用鹽、調味醬、香辛料以及其他調味品，以醬油及其他調味品爲大宗，但在國人越來越嗜辣的趨勢下，辣醬相關的產品也持續成長。另外

在食農教育的風潮下，許多的農會、休閒農場及小農們也都在辣醬這個品項上投入研發展品的心力，相較於過去辣醬總是作爲點綴陪襯的角色，現在甚至可以作爲一道菜的主要調味方式，或是火鍋的湯底。

辛辣的飲食風氣因爲我們的生活方式與餐飲習慣，廣泛的傳播到各種不同料理型態中，「無辣不歡」已經成爲時尚飲食習慣的顯著象徵，尤其像辣醬、火鍋底料等食品加工製品，使得市場對辣椒相關辛香料的需求與日俱增。另在贈禮市場中，有特色的辣醬品牌也越來越受到企業採購的歡迎，畢竟辣醬除可作爲日常餐飲的點綴，甚至還可以扮演主角時，也不用擔心收禮者無法接受。

■ 辣椒的應用層面

作爲辣醬當中的主角，在世界許多地方，辣椒是重要的民生調味品之一，也是很多國家給消費者的重要代表象徵，像是墨西哥的巨辣、中國四川的麻辣、泰國的酸辣。在食材的應用上，不少地方甚至會將辣椒做成零食，方便消費者直接食用，或是與其他食材結合作爲主菜。

辣椒的價格主要由生產及加工成本、運費及關稅、流通環節費用等項目構成，辣椒的辣度以前是採用「史高維爾辣度單位」（Scoville Heat Unit, SHU）進行分級，另一種則會以高效液相層析儀（HPLC）分析定量辣椒素含量，共分成 12 個等級，分類標準從 0 度到 1600 萬度辣椒素。

辣椒的加工方式多樣，延伸的產品種類繁多，例如可將辣椒直接乾燥保存應用，再把乾辣椒磨成粉後與油熱炒，加工成辣椒油；或是將新鮮辣椒剁碎後，進行鹽漬保鮮、用酸水泡製成泡辣椒。而在使用方式上也有許多不同之處，像是與新鮮蔬菜製成泡菜、直接填入餡料做成辣椒鑲肉等。

台灣目前最常見的辣椒分為朝天椒、糯米椒、雞心椒及紅、青小辣椒，一般作為烹飪料理使用，以增添風味，而雞心椒則常用於麻辣鍋以及製成辣椒粉。辣椒屬於生鮮類蔬果，大多必須進行乾燥儲藏，因為乾燥不完全或氣候濕熱，會造成微生物滋生和病蟲害。也因此具有產地優勢的國家，對於辣椒的應用又增添了更多的空間。以辣椒產量來說，嘉義、屏東及宜蘭都有一定數量，也讓台灣人在很多料理上，能夠用新鮮辣椒做出多元性的餐飲來享用。

■ 花椒帶出香氣與麻感

在麻辣的食材中，花椒則帶出另一種與辣椒不同的風味。花椒是典型的藥食同源植物，可口酥麻、芳香濃郁，像是知名的大紅袍就是很具有代表性的品種，另外這幾年很受歡迎的青花椒／藤椒，甚至在國內都有專門以此為訴求的餐飲品牌。為了使花椒能被利用得更好，針對花椒的保鮮、晾曬及儲藏都不斷有新的發展，而台灣原住民常食用的紅刺蔥，同樣也是花椒屬的食材。

相較於作為直接使用的食材，花椒近年來更是因為川菜、麻辣鍋、麻味休閒零食興起，藤椒的香味多了「清、香、鮮、麻」

等風味，藤椒油相關應用市場屬於川味，用於藤椒雞、藤椒魚等偏向麻香的料理。除此之外，因為消費者的嚐鮮需求，在零售市場上也有販售家用的小罐裝藤椒粒及藤椒油，這正代表許多人家中已經開始習慣這股特殊的香氣與風味。

■ 產品的記憶點是關鍵

當年輕族群也開始關注辣醬市場時，會更在意包含故事行銷、包裝設計，尤其不少品牌訴求健康、手工和懷舊感，價格雖然比大量生產的高，但是產品口味也更多樣，同時也能符合像是文青族群及 Z 世代小家庭的飲食習慣。另外，分眾化口味的區隔也讓消費者更願意嘗鮮，像是加入原住民或客家風味的辣醬，或是對世界風味融合辣醬的新嘗試，例如韓國的薑辣、泰越的糊辣，都是可以發展的方向。

但是除非產品味道本身能夠有非常強烈的記憶點，不然對業者來說，走向品牌化道路，才能建立長久的消費者記憶度，像是東泉、日新、東成、愛之味、老干媽，或是加入肉類的廣達香、豆瓣類的黑豆桑、火鍋品牌延伸推出的寧記等等，都是以品牌的主體性來與消費者溝通。而能夠讓消費者支持的原因除了味道外，更多的是從小到大的回憶積累。

傳統品牌會出現老化的問題，最明顯的現象就是知名度雖然高，但消費者的購賣意願卻偏低，而關鍵則是在於品牌在消費者的心理距離卻越來越遠，尤其情感層面的斷層，消費者對於過去家中的味道雖然熟悉，卻感覺自己長大後不再有品牌連結；而市

面上雖然也有許多新的品牌，但除非是因特定原因有所接觸，不然常常也只是看起來不錯，卻仍然沒有購買的意願。

◣ 讓關鍵消費者上門

許多小型作坊及農場的辣椒製品，無法大量的生產，只能用商品本身的特殊性及消費者口耳相傳來推薦。消費者購買手工辣醬的原因，常常是因為口味的特殊性，但是在較為小眾的市場中，提升品牌知名度及維持品質穩定也相當重要。尤其是國內不時會有食安問題出現，對於產品的製造過程、瓶裝殺菌等，消費者也會很在意；甚至是產品在開封後如何保存，以及當出現問題時怎麼與廠商聯繫等，這時品牌的社群經營與消費者服務，就相當重要。

從「元行銷的關鍵消費者」來說，可以分為「自戀型」、「依賴型」、「探索型」及「反抗型」；而特別對於過去家中的味道、媽媽料理時的故事有共鳴的，常常是「依賴型」消費者做出購買決策的原因；另外容易受到新品牌行銷溝通吸引、意見領袖的推薦，而願意嘗鮮購買的則是「探索型」消費者。因此對於品牌來說，業者自己不但要更瞭解主要的消費溝通對象外，更應持續塑造讓消費者在情感上認同的形象。

隨著天氣轉冷，和疫情後餐飲業的業績快速提升，辣醬類的產品有著持續成長的龐大商機。但是對於消費者來說，除了好味道之外還有更多的是，在使用情境的連結及懷舊回憶的轉化時，對於品牌來說，並非一昧的運用開箱文或是團購等方式才是

好的行銷手法，或許，讓消費者能與家中長輩一起重現好味道，一起記住多年來陪伴在身旁的那罐辣醬的好味道，也是很好的故事行銷。

老店品牌再造

◗ 品牌尋找新價值

　　台灣在國際揚名的原因之一，就是擁有豐富且多元的餐飲業品牌資源，從米其林星級餐廳、百年餐飲老店，到國際馳名的觀光名店、商圈夜市排隊小吃，可以說是形成了一個具有獨特性、代表性的餐飲生態圈。而當中特別值得關注的其中之一，就是具有一定歷史的「老店」，因為通常老店背後象徵的意義是「傳承」、「經典」以及「品牌價值」。

　　老店的生存有多不容易，因為多數餐飲業也是屬於中小企業，以經濟部中小企業處編印的《2018 年中小企業白皮書》來看，從企業的經營年數觀察，2017 年經營未滿 1 年的中小企業，占整體家數比率為 7.06%；經營年數 5 年以內者占 30.33%、10

年以內者占48.74%，也就是說，有將近半數之中小企業，經營年數都在 10 年以下。而 10 至 20 年的比例僅有 25.31%，超過 20 年（含）以上的更僅有 25.95%，這次的疫情衝擊更是讓許多的老品牌就此消失在我們的記憶當中。

更進一步從餐飲行業的生存結果來看，行政院主計總處公佈的「105 年工業及服務業普查（每五年辦理一次）」分析內容中，服務業當中的住宿及餐飲業，經營 5 年以上為 55.5% 的 80,205 家、經營 10 年以上則為 33.1% 的 47,885 家，但是在經營 30 年以上的比例則驟減為 3.0% 的 4,375 家，若能經營 60 年以上更僅佔 0.1% 的 185 家；能撐到百年以上的更是鳳毛麟角，像是度小月擔仔麵（1895 年成立）、金春發牛肉（1897 年成立）、林合發油飯粿店（1894 年成立）等等。

◼ 走出自己的困境

世代認同是老店經營的重要課題，但老店也常常跟守舊及缺乏新意畫上等號；從消費市場的不斷變化來看，消費者的回店率是否提升，跟品牌是否創新具有一定關連，很多時候老店的經營者並不是不瞭解品牌再造後所帶來的實質的效益，而是很多由家族共同經營的品牌，對於如何確保創新的方向正確並取得所有經營者的認同，這可說品牌在轉型時的關鍵難題。內部成員的溝通共識更是轉型能否成功的關鍵。像是不少過去以眷村菜為訴求的餐廳，當經營者本身就面臨家中成員對餐飲的不同喜好時，怎麼達成內部共識，決定提供適合的產品及服務來滿足市場需求，就是一大挑戰。

有些老店品牌再造的過程中，無法受到老一輩經營者的認同，其原因通常是擁有相當歷史的品牌，擁有固定的忠誠客源，且多半都是長期熟悉的消費客戶，一來是害怕原有客源的流失，二來是不知道怎麼跟年輕的消費者溝通，因此選擇守舊。當然也有不少經營者願意求新求變，讓市場看到品牌持續經營的魄力，或是世代交替，由老一輩交棒給新世代經營者，這些二、三代多半是因未對家族的認同，並期望老店也能有新面貌而願意回來經營，因此更必須詳加思考老店轉型後的未來發展。

◾ 面臨四大經營困境

根據凱義品牌管理顧問公司提供的「品牌再造診斷及輔導範例」來說，老店品牌再造時必須先進行現況的評估盤點，瞭解自身從經營、行銷、可用資源，甚至是困境等因素條件。過去部分老店因未能在轉型前先釐清本身問題，也沒有擬定與消費者溝通的策略，甚至是經營層內部發生了矛盾衝突，都是導致品牌轉型失敗的原因。

我將老店常會面臨的困境，區分為管理面、產品面、服務面及立地面四大層面，以下分別說明：

一、**管理面：**由於老店品牌多半為家族企業，當創辦人年事已高、且較沒有改變動力時，年輕輩的接班人與資深專業經理人，必須先就再造的方向進行溝通，並達成共識。

二、**產品面：**產品及服務方式很久都沒有創新改變時，可能導致原有的消費者逐漸凋零減少，而新客的進入意願也低；老店

品牌勢必得先思考——什麼樣的產品及服務模式才不會造成品牌形象自我衝突。

三、**服務面**：由於老店品牌的原有裝潢陳設，都已有一定的使用年限，服務動線也可能未經規劃，環境可能使消費者覺得老舊不舒服、上菜不流暢或衛生待加強，一旦考慮要整體重新設計裝潢，需牽涉到是否暫時停業等營業問題。

四、**立地面**：當店址所在位置的整體環境發生變化時，許多老店也會連帶受到影響，像是位於有一定歷史的傳統商圈時，當商圈沒落或客層改變，老店品牌也必須評估是否應維持在原處或另覓新址。

■ 再造關鍵輔導老店轉型

釐清品牌從建立到必須再造時的種種考量，我常運用「品牌再造十字架」來作為幫助品牌盤點重整時的主要項目，重新擬定策略後落實到品牌再造的具體方向。從過去輔導的經驗歸納，將有機會幫助老店品牌再造的關鍵彙整成七項，以下分別說明。

一、**品牌形象具像化**：善用品牌故事、品牌識別元素，透過媒體傳播溝通及社群應用，強化消費者對品牌的記憶點及新的認知，並且適度增加被記住的接觸點，例如運用品牌象徵物，拉近與年輕消費者的距離。

二、**專業知識系統化**：讓消費者曾經喜愛的風味，透過教育訓練及數位知識庫的建立來維持穩定的一致性，經由專業培訓系統及中央廚房，將餐飲及服務標準化，作為品牌再造時的品牌核心基礎。

三、**經營管理能力強化**：透過老中青接班人的直接對話，讓接班人在需

要具備的經營與行銷能力上，有更完整的歷練機會，同時也導入專業經理人團隊的內部溝通及升遷管道，並且評估內部創新創業的發展可能性。

四、**行銷應變及延伸力：**接受消費者口味與生活習慣的改變，更靈活地將行銷活動作為吸引消費者目光的工具，並願意嘗試更多符合品牌定位的新產品及服務，善加運用節慶行銷力創造議題。

五、**商圈及區域主導性：**強化自身及所在的商圈價值，讓消費者增加願意特別遠道而來的消費的機會，並經由更在地化的區域合作，發揮老店品牌的光環與價值，成為與商圈相輔相成的結盟關係。

六、**忠誠消費者維繫方案：**不是品牌再造後，就必須放棄以往的忠誠消費客群，反而應該更努力維繫彼此之間的關係，經由方案的設計使消費者願意將品牌推薦給年輕一輩的家人、朋友，以提升老店品牌的口碑價值。

七、**社會責任投入度：**老店品牌的價值不只是在消費者，更包含了文化的傳承、歷史的演變，以及品牌對老一輩同仁的照顧等，另外與時俱進的食材運用及社會回饋等面向，也讓老店品牌在大眾心目中更奠定了獨特且正面的意義。

◖ 找到新的出口

老店透過品牌的再定位，塑造新的品牌形象及風格，經由將製造生產與服務流程的改善，以及更多對新一代消費者的關注，開發新品牌甚至是 IP 授權，讓不同的消費年齡層也有重新認識老店品牌的意願。與商圈、城市地方特色結合，進一步思考最適合品牌長期發展的方向，將老店的品牌價值持續發揮。

從口味改良、品牌識別設計的創新，並融合傳統與現代的

特色，把握消費市場中一直存在的懷舊復古熱潮，來爲品牌增加議題。善用新媒體與社群的影響力，讓消費者願意自發性的口碑推薦，當新一代的消費者能在嘗試後，接受甚至建立對品牌的偏好時，就能讓老店品牌不斷隨著消費者一起成長、延續生命。最終，在時代的洪流中堅持理念，不斷地創新、成長，才能讓老店品牌的光環一直發亮。

chapter 4

美好的小確幸：
早餐、甜點、零食、滷味

早餐

◾ 中西式早餐的市場轉換

「老闆，我要一個咔啦雞腿堡加蛋配熱美式。」

在華人的飲食習慣中，過去因為區域的不同，所以有些地方盛行燒餅夾油條、蛋餅、饅頭花捲、水煎包，或是港式飲茶等各種不同的型態，飲料也從豆漿、小米粥到茶飲，有著豐富的組合。然而因為台灣較早受西方飲食的影響，速食業帶來的漢堡、咖啡、牛奶也廣受消費者的青睞。還有早期不少從外省眷村就開始擁有支持者，甚至因觀光客揚名海外的阜杭豆漿及擁有在地特色的永和豆漿、青島豆漿，都是不少消費者的早餐選項之一。

但從連鎖的新式早餐店開始出現，提供包含漢堡、鐵板麵、

西式麵包、吐司夾餡，以及咖啡花茶等飲品後，西式早餐的快速成長也影響了消費者的飲食習慣。或許傳統的中式早餐因為經營模式及市場環境的變化，現在較少看到成功的連鎖品牌，但畢竟身為植物奶先驅的領導者：豆漿、薏仁漿等這些早已存在且富含營養價值的產品，或許就是中式早餐店的機會。但如何解決消費者除了外帶就得勉強在不夠舒適的空間用餐，而無法提升對品牌偏好度與需求，或許可以借鏡現有的成功品牌。

◾ 連鎖早餐店精緻化及風格化

根據「台灣連鎖加盟促進協會」提供的數據，光是國內前幾大的連鎖早餐店品牌就有超過 7,000 家以上，像是以加盟為主的美而美餐飲集團就有 3,000 家、早安美芝城公司也有 1,250 家，而近年來積極品牌再造轉型的麥味登公司及拉亞漢堡也分別有 770 家及 520 家。比較有趣的是，雖然傳統的早餐店較少販售漢堡咖啡這類餐點，但也有不少連鎖的西式早餐店卻願意同時販售中式早餐，讓消費者在單一店中就能選擇燒餅油條配咖啡這樣的新鮮組合。

更多新式的連鎖早餐店則是將店面及產品線都更往精緻化、風格化靠攏，使消費者也願意在早午餐甚至是下午茶時段，仍上門選購。雖然跟前幾大外國連鎖速食店相比，台灣消費者從過去對中西式連鎖早餐店的認知，與建立真正的品牌偏好仍然有一段距離，但從企業接班品牌再造、到新型態店型及餐飲的推出，確實默默翻轉了不少消費者對傳統早餐店的刻板印象。

甜　點

■ 心靈的療癒

　　還記得小時候長輩從美國帶來的禮物中，總會有長得像三角錐的美味巧克力，後來才知道原來名叫 Hershey's。隨著時間的改變，我也逐漸從包裝販售的甜品，開始轉而關注那些外面專門販售手工甜品的甜點店。對於中式甜品，我也蠻有印象，因為以前父母都會從住家附近的京兆尹買回來與兄弟一家人一起享用，是難得的美好時光。

　　不過台灣市場對於西方甜點的型態更為偏好，許多知名的甜點店品牌便孕育而生，除了現做新鮮外，也多了不少從外觀就引人注目的視覺條件。而這些甜點品牌受消費者歡迎的主要原因，就是甜點所帶來的「療癒感」。

根據我過去的分析，關於「療癒」類的商品除了物理性的影響之外，心靈層面的改變也很重要，包含傷痛的平復、痛苦的減緩及歡愉感的提升。而甜點本身除了糖分能啟動腦內的多巴胺受體，實質造成人體物理上的改變，而漂亮精緻的店舖裝潢及甜點本身，在拍照及食用過程中都使人充滿期待，同時現在流行拍美照打卡上傳社群媒體後所帶來的虛榮感，都讓新一代的甜點店越來越受到歡迎。

透過具有療癒功效的產品及使用過程，來平衡內心的情感、撫慰心靈承受的壓力，也是現代人透過甜點找到短暫的甜蜜出口。根據近年來的口碑及受歡迎程度，其中有使用高級原料的貴族甜點，也有頗受團購歡迎的平價甜點，而其共同的特性是——皆為消費者高度討論的品牌。對於許多人來說，辛勞的工作過後來杯下午茶，再搭配一塊好吃的肉桂捲，或是週末與好友閨蜜們到可以拍照打卡的夢幻甜點店，點上一杯咖啡和上相的舒芙蕾及馬卡龍，一起來場歡愉的感官之旅，都是療癒身心的方法之一。

■ 市場持續成長

在重大節慶的儀式中，像是母親節、父親節、耶誕節及生日，更是消費者購買烘焙類產品的黃金時機，除了傳統的蛋糕外，生乳捲、珠寶盒蛋糕、水果塔都成了當代消費者的新歡，不但拍照好看外，還能感覺因為吃得精緻，所以體重不會成為罪惡感的來源。尤其對於我們來說，即便喜歡也很難一個人能吃得完 8 吋蛋糕，若能跟家人朋友一起享用，沉浸在溫馨的氛圍及慶祝的愉悅感中，蛋糕可能甚至不夠分著吃。

國內的烘焙產業，根據經濟部統計處調查，市場年產值約600億元，其中甜點產值就超過150億元，除了麵包店已超過5,500家外，便利商店、超市及量販店販售甜點的據點，更是超過1萬家以上，再加上不少複合式咖啡店也都有販售甜點，我們可以發現，消費者雖然擁有許多的選擇，但是在一些特定的需求時，區域性的獨立甜點店反而擁有不輸連鎖知名品牌的優勢。

連鎖品牌產品在製作與銷售上，必須更仔細考慮數量經濟問題，所以在製作的成本上也會比較保守，但也因為具有高品牌辨識度，所以當推出代表性產品時，就能更快速展店；另外當消費者對於購買甜點在費用上有所顧慮時，像是當季的水果、進口的原物料等，都能經過大宗採購來控制成本，這也是連鎖品牌的優勢之一。

以甜點的產品類型來說，主要受國內消費者歡迎的包含：手工餅乾、馬卡龍、提拉米蘇、布丁、泡芙、布朗尼、肉桂捲、舒芙蕾、可麗餅、千層派、水果塔、可麗露、蒙布朗、瑪德蓮等，而不少甜點因為必須考量製作的難度、運送的風險，以及消費者希望能在獨特的空間品嘗體驗等，因此相較於連鎖品牌，多半以平價及季節產品販售為主，不少區域型的獨立店則能提供製作門檻較高、售價也相對昂貴的獨特產品。

◢ 小型創業潮興起

另外，從前幾年的創業風潮到疫情的影響，許多「廚房經濟」開始起飛，在家就能創業的機會也大量增加，烘焙甜點成了

一種既療癒又能獲利的方式，同時不少人由於在過程中找到了足夠的資源與客群，而能更快順利開設實體店鋪，不但降低失敗風險，同時也因產品的精準提供，能夠與現有的主力連鎖品牌做出差異化區隔。

然而，讓小型甜點店實現逆襲的真正關鍵，就是在於對品牌理念的堅持，以及社群行銷的操作溝通得宜。當獨立店資源較少時，如何讓顧客買單及認同品牌，不只是食材、技術，透過對理想的執著或特殊文化的傳遞，甚至希望經由比賽獲獎得到肯定；對品牌而言，若能在滿足消費者口腹之慾的同時，達成經營者的自我實踐是再理想不過。更明確的品牌形象與市場定位，也能吸引到那些自我風格較為強烈的消費者，願意為喜歡的品牌打卡分享，甚至留下正面的社群評論。

甜點本身具有高度的療癒效果，也因此更容易引發消費者共鳴，感人的品牌故事、有質感的產品情境照、結合節慶的社群貼文，甚至是消費者的評論，都對獨立型的甜點店有更明顯的影響和幫助；然而畢竟消費者最終還是要經由購買行為才能使品牌活下去，所以除了跟隨時事主題推出潮流產品外，做好基本的顧客關係管理則更為重要，當消費者成為忠誠顧客時，就能幫助品牌持續穩定營運，也才能使品牌持續陪伴著消費者。

零 食

■ 歡樂的時光

很多時候，休閒零食作為一種非必需消費品，消費者常常是因為衝動而購買，為了滿足貪吃的口腹之慾，或是為了跟朋友們一起度過歡樂時光，亦或是當作禮物送給特定對象……隨著人均可支配收入增長、消費理念轉變及疫情的影響，消費者更關注休閒零食的外顯性價值及個人偏好，並且也會思考對於健康及功能性的附加訴求。

在消費者的分眾需求下，標榜訴求天然原料、健康、少人工添加物的手工餅乾，產地小農運用現成原物料製作的手作果乾、肉乾，以及強化在地特色的各類伴手禮，都是消費者購買休閒零食的新選擇。但是那些過於強調健康或保健的休閒零食，雖然也

有一定的話題聲量，效益卻未能反應在銷售數字上，甚至可能帶來負面影響；畢竟多數人吃零食還是為了放鬆及療癒，因此發自內心的開心真的很重要。

◤ 不同的類型

這兩年國內的零食市場蓬勃發展，休閒零食市場每年約有130億元的產值，成長潛力相當值得關注。尤其是疫情期間，人們有些時候是因為焦慮而想吃零食，有的則是因為居家隔離想給自己一點安慰，還有的則是慶祝自己回歸人群，與大家一起歡樂一下。

休閒零食的類型包含堅果南北貨、烘焙食品、膨化食品、糖果、滷製品和乾燥食材（肉類、海鮮、蔬果）等類型。

堅果南北貨作為國內市場的休閒零食由來已久，不論是瓜子、花生、杏仁、松子、核桃或新興的夏威夷果，都常常是看電視的時刻及下酒的好朋友。

烘焙及膨化休閒食品因為本質上較容易飽足，所以不少上班族以此作為非正餐時間的替代品，像是忙碌沒時間吃早餐、會議休息間的茶點，甚至是外出旅遊時的主要熱量來源。因此做為與正餐爭寵的休閒零食，也被消費者賦予期望，品類要更豐富、營養更均衡，甚至還最好含有像是維生素，或益生菌等機能元素，也能藉此降低我們購買時的罪惡感，給消費一個更合理的藉口。

肉類休閒零食的創意類型表現相當多元，產品包含雞鴨禽類各部位的滷製品，牛豬肉及各類水產海鮮的乾燥製品，甚至為了

更符合消費者的不同需求，除了傳統的多鹽多糖及重辣口味外，減糖少鹽的健康化休閒零食也開始受到青睞。另外像是選用在地物產乾燥的蔬菜、蕈菇、水果乾等，也是不少健康愛好者的偏好選項。

　　不過，乾燥食材類的休閒零食在製造過程中，有時為了提升風味及口感，會在調味過程會添加一些成分，若是有特定信仰或是飲食限制，像是吃素或對甲殼類過敏時，就要更留心關注其中的成分標示了。

◥ 製造商品牌稱王

　　在經營型態上，休閒零食的企業與品牌建立主要分成兩大類，一類主攻產品的研發和加工生產，塑造消費者耳熟能詳的產品品牌，另一類則是自建零售終端，打造通路品牌。許多消費者對於休閒零食的需求，一則是自用時追求那種當下入口滿足的小確幸，但若是社交場景考慮與朋友一同享用時，則關注在節慶結合、包裝設計及開箱打卡，因此當品牌想要在後疫情時代的休閒零食市場中分一杯羹，就必須更注重考慮到分眾的需求，以及對應購買者的使用目的。

　　產品品牌的創意表現，在這些年可說是百花齊放，除了國人本來就很偏愛的日系及美系品牌外，許多國產老字號產品也推出了許多創新的變化，近年來各大品牌都不斷突破，像是運用跨界聯名合作的孔雀香酥脆與鼎王麻辣鍋聯名；樂事和鬍鬚張滷肉飯、乾杯燒肉推出的限量洋芋片口味，或是以熱炒、小吃及下酒菜口味設計的炒海瓜子可樂果、麻辣小龍蝦乖乖等創意口味，

以及運用巨霸包 XXL 大份量吸睛的華元、旺旺大包裝商品或組合包。

專屬通路經營不易

通路品牌的市場表現則相對沒有這麼亮眼，在 80 ～ 90 年代，全台曾經有超過 200 家，是一代人共同回憶的小豆苗零食鋪，訴求開架的便利性，我們可以自己打開格子用湯匙舀零食，想吃多少秤多少，QQ 熊、蜜汁魚片、大豬公及巧克力豆都是長銷品，但是在整體消費環境的改變下，現在家數所剩不多。另外訴求創意搞怪的糖果專賣店菓風小舖，常常推出一些惡搞其他 IP 的包裝，及送禮適合的零食糖果，主要客群則是鎖定年輕族群。

傳統線下的零售通路購買模式，能夠透過與實體通路的合作，運用主題性佈置氛圍，誘發消費者的購買意願，像是情人節、耶誕節等讓人感到愉快的節慶，讓消費者更容易因為衝動而完成購買行為；另外像農曆新年、萬聖節與感恩節，更是各商圈夜市限時販售與促銷零食的節慶時機。

但是整體市場在電商平台的推波助瀾下，加上還有直播表演及價格促銷的競爭，也使消費者免不了貨比三家，導致產品品牌必須持續推陳出新，才能繼續吸引消費者上門。

以現況來說，專營休閒零食的通路，整體市場尚未有全國性的領導品牌出線，相較於產品品牌，也更需要建立明確的品牌特色，或許有心想在這個領域創業的朋友，可以思考朝這個方向作為切入點，還是個值得一試的機會。

滷　味

▪ 隨手可得的回憶

　　還記得小時候，遇到節慶或是重要的日子，家中的廚房便會飄來陣陣香味，而鍋中正是那些讓人回味的滷味。這樣的回憶不論是在眷村、客家莊，還是台灣的本土家庭都存在著，也各自流傳著捨不得分享的獨門秘方，更是早一輩人難得的餐桌美食。根據 2017 年食品工業發展研究所總計，台灣人 1 年內吃下的滷味產值多達 300 億，《食力》2018 年的調查統計顯示，偏好吃滷味的民眾更達到近八成。

　　滷味的市場也影響了中藥產業，藥食同源的概念使各家滷味業者的滷包都或多或少各自添加各式的中藥材，透過獨門秘方的比例調和與辛香料的差異，滷出了帶有甘、甜、鹹、辣等不同的

滋味。而許多原本平價的食材，像是蛋、蘿蔔、豆乾豆腐、豬血糕等，或是較高價的牛肉、香菇、雞腿，都被賦予了新風貌。也因此滷味可以是下酒的小菜，也可以是牛肉麵店的高級配菜，更可以是學生果腹的一餐。

最近一次滷味登上大眾媒體的目光，正好是因為奧運健兒在賽後返台隔離時，分享了品嘗的品牌滷味，特別標註其製作成分不含丁香──因為身為香料的丁香中含有「去甲烏藥鹼」（Higenamine），是世界運動禁藥管制組織列管的禁用清單之一。由於滷味本身是使用滷汁去烹調滷製各種食材，滷汁的材料因配方、地域偏好、風味各有不同，在內容食材的運用上更是多元，所以也讓各地消費者對自己鍾愛的特色滷味，別有回憶。

■ 專業化製作與銷售

滷味是台灣常見的小吃類型，但是從常民家中的廚房走入百姓日常，一致性的滷製方式和連鎖品牌的建立，才是真正使消費者能隨時享用這般美味的主因。隨著消費者的生活習慣逐漸改變，商圈滷味攤販售的加熱滷味，或便利商店隨時可入手的盒裝滷味，甚至是電商快遞配送的冷凍滷味，都成了消費者入手解饞的來源。

台灣的加熱滷味品牌最初也是來自冷滷，為了方便加盟主更衛生地將產品提供給消費者食用，同時添加獨特風味，所以發展成由加盟總部提供 SOP，讓加盟主自製加熱用的滷汁，同時使用中央工廠生產具一致性的基礎滷味，品牌也同意開放加盟主部分

生鮮食材在地採購。市場上許多商圈都可以看到連鎖的加盟滷味品牌，這也是因為，相對於不少餐飲業來說，滷味的入門門檻較低，也更容易成為創業的選項之一。

◾ 電商銷售的崛起

由於電商平台的蓬勃發展和疫情影響，許多消費者又開始回歸選擇購買冷滷，經由宅配直接送到家或是直接前往通路購買，即時性及方便性成了考量的重點。但此時品牌的知名度及口碑就顯得更為重要，像是西門町起家的知名品牌，或是有觀光工廠加持的品牌，都讓消費者更願意放心入手。但冷滷考慮到製程技術不再加熱殺菌，越是天然無添加的產品就更要考量保存的時間與環境，必須盡快食用完畢，部分不耐存放的食材就不那麼適合，只能捨棄不用。

現代社會中，大家對於飲食影響健康的議題越來越重視，過多添加物或是過鹹的餐飲形式都可能逐漸被淘汰。然而不論是加熱滷味還是冷滷，在品牌被消費者記住後如何與時俱進，發展出能滿足消費者需求的多元化產品服務，並適時結合在地的新鮮食材，透過品牌社群來幫助消費者使用產品的便利性在家二次料理應用，或許都是滷味產業未來的新契機，以及後疫情時代的品牌挑戰。

chapter 5

期間限定美食：
商圈、主題市集、夜市、行動餐車

商 圈

■ 主題性和體驗行銷

　　台灣各地的商圈總數基本超過 200 個以上，不到四分之一是具有較大規模或是國際觀光客的大型商圈，然而絕大多數仍然是中小型的地方商圈，甚至因為部分地區品牌的重複性高，有時會在一個城市之中的不同商圈，發現類似的品牌及服務過度重複，因而產生高度競爭的結果。另外則是由於不少商圈是跟夜市或傳統市集綁在一起，只有少數是跟百貨結合，所以在商圈之中能使用的宣傳空間與區域都相對有限。

　　不少商圈因為原有的消費客群流失，試圖透過品牌轉型或振興計畫重振市場，但是不論是政府投入了部分金額補助，或是因老店再造、連鎖店輔導，甚至是服務業創新等等對策，卻碰到疫

情，導致許多商圈店家雪上加霜，不論是因為店租、人事開銷，甚至是因缺乏觀光客從而喪失基本收入。許多商圈過去深受連鎖品牌影響，尤其是訴求國際化的商圈夜市，為了吸引外國觀光客，往往透過知名連鎖品牌來招商引資。

但新冠疫情導致國外旅客無法入境，過度擴張的連鎖品牌反而導致商圈吸引力降低，觀光客已經逐漸產生本質上的改變，沒有特色的連鎖品牌無法繼續倚靠陸客，只會經營得更辛苦，甚至面臨品牌的再次轉型。本土消費者對於許多商圈的連鎖品牌過度重複感到厭煩，因為當台北的消費者到了台中的商圈，看到的卻還是一堆台北都有的連鎖品牌時，興趣很難不降低。連鎖品牌針對不同城市及品牌延伸的必要性必須更加重視，甚至更積極的與在地商圈夜市結合，開發具有特殊在地元素的飲食產品及服務。

■ 消費市場更精準

大型的城市節慶活動帶來的人潮有機會帶動像商圈、夜市等特色場域的發展，商圈經營的背後，是城市文化的置入和發展的延伸，不斷豐富並打造商圈內容，以及店家特色體驗溝通，並且針對更合適的消費族群，來設計行銷溝通方案，才能讓台灣的特色商圈在疫情過後更具競爭力及吸引力。小眾市場的發展比以往更為明顯，消費者偏好個性咖啡店、精緻手搖茶店、養生型的早午餐店，甚至是以運動愛好者為訴求的特色餐廳，同時也對具有像是米其林認證及必比登推薦的餐飲品牌更有信任度。

城市行銷可以帶動商圈的發展，商圈主題明確才能持續吸引消費者回流，城市行銷時若是能夠有計畫的整體規劃，還能實現

多個不同商圈的聯動發展。因為商圈具有一定範圍可供消費者逗留，並且因為不少商圈都有管理的單位與合作組織，更容易因應需求的提升而適時推動。因此商圈的管理團隊及在地店家，可以一起去思考如何提升品牌形象，透過提升周邊的設施建設，以及規劃完整的交通配套方案與行人行車指引，達到營造商圈街區發展良好的消費環境體驗。

以新型態的商圈行銷來說，一個有明確主題、特色品牌的商圈，不但能結合大型節慶，像是台灣燈會，可增加夜間表演藝術，以及加入沉浸式行銷體驗，達到營造重點商圈區域特色的「消費場景」。一般來說，商圈的沉浸體驗式消費是指：透過提高像是實體文化及展演等元素，並結合更多商圈成員商店的互動活動，以主題式的體驗內容吸引商圈輻射範圍之外的消費者，增加消費者逗留時間並改善銷售過程體驗，從而轉換為消費者對特定商圈的品牌偏好與認同。

◥ 該如何吸引消費者？

若是以台灣過去的旅遊客群相對於國外旅客、陸客來說，觀光景點、交通選擇、住宿需求及餐飲品質，可以說是遊客是否買單最重要的四個元素。但從國內的旅遊市場來看，餐飲的必要性可說是更甚於其他項目。例如每年公布的米其林餐廳名單，因為每次都能讓業者及消費者對於能在台灣品嘗到在地的美食而有所期待，所以包含所有參與評選的縣市所在地餐飲品牌，都可以藉由米其林推薦的光環，帶動當地的消費與觀光商機。

國內的餐飲品牌像是王品、瓦城，甚至許多國際連鎖餐飲品牌的進駐之後，在比較競爭之下，其實對消費者整體的餐飲服務基本上都有一定提升，而像是台北發跡的鼎泰豐、彰化的品八方，都可說是吸引跨縣市消費者前往光顧的品牌。其實台灣曾經相當強調「夜市經濟、庶民小吃」，當然對於不同縣市的消費者來說，若是能在獨特的氛圍及完整的主題規劃下，去體驗各地的夜市氛圍，自能創造出新一波國內的旅遊商機，就算有的只是小吃或是銅板美食的品牌業者，也願意在餐飲的品質及品牌上更用心經營，如此才能真正提升消費者對夜市商圈的期待感，也才能降低可能出現的失落感。

■ 商圈、客群分析與營業額評估

　　在開店的過程中，最困難的決定之一就是選擇一個適合的店面。老實說，一個新開店的店長或創業者或許不盡然能面面俱到，但若是能擁有絕佳的開店位置，可說是優先成功了一半，因為擁有好的店舖至少擁有了搶先接觸客人的先機。透過商圈調查及客層分析與營業額預估，就能避免在開店的預期與規畫產生嚴重落差，最壞將導致虧損，甚至為求停損，只能結束營業。這些年因為大環境的變化造成許多人成了「速食創業」一族，拿到了貸款或是跟家裡借了一筆錢，就想創業開店。

　　但因為基本功沒學好，導致後續開店成功的困難重重。另外一點，就是沒有釐清自己想經營的店型與商品，甚至把電商通路和實體店舖都混為一談，連庫存發生問題時的解決方案都沒想到。

以下我分享的內容是擷取部分 A 餐飲品牌的店長手冊，適用於一般可現場製作餐飲，並以外帶為主要訴求的業者案例。若大家在參考的過程中仍有不解，可以先思考自己所經營的業種業態是否適合套用這樣的方式，至少一些通則的部分，仍可以作為一般已開店朋友們評估參考的依據。

◣ 開店位置之選擇

（一）考慮的基本條件如下：

◉ 店面坪數：25坪以上之營業面積，同時依座位數及等待空間來調整。

◉ 餐飲製作空間：依需求容納多種產品及進行餐點製作。空間才具備足夠競爭力的產品結構強度。

◉ 流動人口：造成人潮，提高來客數，增加營業額。

◉ 基本戶數：至少2萬～5萬人，維持營運。

◉ 三角窗的設立：視覺、廣告效果好，促銷活動容易實行。

◉ 主通道：有大量的汽、機車經過，可吸引大量的消費群，配合停車空間，最為有利。

◉ 停車位置：方便顧客停車購買，尤其車滿為患的地方。

◉ 消費水準：決定客單價與來客數的高低。

◉ 商圈型態：以青少年、上班族或主婦為主購買類型。

（二） 商店主要設立位置在符合 8m 寬 30 坪的店面坪數下：

● 商業區：人口流動高，形成人潮，消費水準高，平均約有8% 會入店購買，上班，午休，下班為尖峰時段。

● 住宅區：擁有基本戶數，但販賣毛利低之商店，基本上以家 庭主婦為多。

● 學校：消費水準一定，消費毛利約5%。

● 特種行業：最佳設店位置，消費消費者不計較價格，商品是 毛利高、迴轉率最快的，客單價最高。

● 遊樂場所：青少年聚集處，對差異性商品需求殷切。

● 主通道：車輛人口流量大，配合停車位置、地點優異。

● 大型醫院：來客數多，客單價不低。

● 24小時營業之營業額分段點：中班＞大夜班＞早班。

　　◎ 中班營業好，毛利率15～23%，營業時間15：00～21：00。

　　◎ 大夜班毛利高，約為23%以上，營業額1～3萬／日。

（三） 如何評判「優異位置」之方法：

● 　依人潮、交通流量區分：交通流量大的地點優於流量低的 地點；交通流量不高，但人潮洶湧的地點優於人潮稀疏、交 通流量大的地點。

● 依（人、車）走向區分選擇巷道：雙向道＞單向道＞禁止進 入之地點。

● 依未來趨勢之潛力區分：未來將建之車站、交流道、戲院、 辦公大樓、遊樂場等，目前表現平平的位置，勢必優於目前 表現不錯，但無潛力之位置。

◉依腹地型態區分，擁有速食店、MTV、KTV、遊樂場、辦公大樓等腹地的地點，房租必定高，但必定優於腹地差、房租便宜的地點。因爲腹地好，成本回收快，利潤高。

商圈調查客層分析

　　商圈調查的目的在於，瞭解商圈內的商業活動範圍及客群，而唯有瞭解來此購物的消費者是從什麼地區來？競爭的對象有哪些之後，才能擬訂銷售戰略，並具體地付諸實行。

（一）調查商圈的程序

◉設定商圈的範圍，通常以店爲圓心，250公尺爲半徑（考慮人的惰性因此以250公尺爲半徑），畫出的範圍即爲商圈大概的範圍。但須考慮鐵路、河川、道路所造成的區隔。

◉調查競爭店將商圈內的競爭店逐一標出，調查對手店將目標放在哪一個消費者層次、商品結構如何？主力商品及價格帶？對商店品牌（差異性商品）投注心力的程度？暢銷商品是什麼？這些資訊都將是未來擬定策略的重要參考。

◉商圈居民的主要消費品來源，與消費特性調查可採用隨機抽樣的方式，詢問當地住戶，多半至何處消費，並依據本店的地緣特性、商品結構、服務品質等特質，可能吸引多少消費者來此消費，以便測定來客數並做銷售情況預估。

客層分析的目的

　　商圈調查客層分析是開店前的重要工作，調查的結果可供評估所處商圈的消費客層與型態，預估未來的經營狀況，並據此對

應消費者的需求發展經營的策略。商店的經營須要靠消費者的購買行為來支撐，而消費者因年齡、職業、性別、所得、教育水準等之不同會有不同的消費需求與行為，因此先做客層分析才能充分掌握消費者的需求以吸引來客。

● 分析商圈的特性，各型商圈有各種不同的消費客層：

◎ 商業區：消費客層以上班族居多，消費商品可能衝動性商品較多。

◎ 住宅區：消費客層以家庭主婦居多，消費商品可能以百貨類、烘焙調理類較多。

◎ 文教區：消費客層以學生居多，消費商品可能以飲料、特殊商品、文具較多。

◎ 特種營業區：在此消費者客單價最高，同時以夜間消費為生。

◎ 遊樂場所：消費客層以青少年較多，商品之選擇應以青少年消費為主。

◎ 車站：消費客層很廣，但消費的商品可能以麵包、飲料等較多。

◎ 大型醫院：消費客層也較不一定。

● 流動人口總數調查：可在預定設店的地點前計算來往的人潮數量，計算時依時段、走向及其性別、大約年齡、穿著（判定職業、所得水準）等予以分類，以便瞭解未來的可能消費客層。

● 相關店鋪客層調查：到附近的便利商店買一樣東西，隔日同一時間再到該店取得另一張發票，2張發票號碼相減，便可得出該店一天的來客數，至於客單價與客層之調查，則可依不同時段各挑選若干樣本，看其年齡、性別、穿著（代表所得水準）及其購買的東西，可探出大概的客層及客單價。

● 商圈內住戶調查：到設定的商圈範圍內計算住戶數並調查平均人數、地價、及建築物水準、停放之車輛的好壞，因此來判斷潛在基本客層的人口數及所得水準。

● 消費者消費型態、能力分析：依據以上各種調查的資料，便可以做消費者消費型態與能力的分析。從商圈特性的判斷，可以知道所處商圈可能的客層與消費型態從流動人口數的計算，可預測未來可能入店的客層，從相關商店的調查，可以得知開店後實際的客層與客單價及消費型態，從商圈內住戶調查的資料則可瞭解，潛在客層並據此研究發展出未來的策略。

■ 營業額預估（營業額＝來客數 X 客單價）

● 來客數預估

　◎ 基本客數預估：調查商圈之基本客數方法：門牌數X4人（因一般家庭通常由父母、孩子組成，約4人）知道了商圈內的基本人口數後，再依一般人購物的習性來預估可能來店數。據研究，範圍在 50m～100m內，來店數約佔60％，100m～250m內，來店數約佔30％，250m～300m內，來店數約佔10％。

　◎ 流動客數預估：一般說來流動人口入店率約為10％，但觀光區會較高。

● 客單價預估依客層來分析，決定客單價：

　◎ 國中以下小朋友：客單價20～35元／次侷限在一定範圍，同時考慮鄉村、都市小朋友零用金之不同，要適時調整。

　◎ 國中以上學生：30～50元／次,根據目前台灣狀況,消費水準取平均值得知。

◎高中以上（含大專生）：客單價45～90元／次，消費額變動較大。

◎家庭主婦或住宅區的上班族：100～200元／次，消費品為毛利低之家庭必需品。

◎汽車流動人口：150～300元／次，通常不為買1瓶飲料或麵包而停車購買，順便購買生活必需品。

◎機車流動人口：50～100元／次，通常機車載2人、以購買飲料為主。

主題市集

▪ 人潮聚集地

在疫情嚴重的時候，不少群聚及室內商業活動都受到影響，其中也包含了傳統的夜市及近年來崛起的主題市集。而在整體情勢好轉的情況下，許多主題市集又開始湧現商機及人潮。事實上「市集」的概念，就是指買方、賣方與參觀者聚集，並且可以進行交易與服務的場域，以台灣近年來的三大主題市集，分別是「創意市集」、「農民市集」以及「二手市集」。

有別於過去的商圈及夜市，因為主題明確所以除了商業行為外，在主辦方的規劃下，常常會有更多節慶及娛樂活動的元素，來增加市集的熱鬧程度。也因為三大主題的區別，我們去逛市集的時候，有時會有一種身處在「高度同溫層」中的感覺，例如創

意市集的攤主之間常常會討論關於創意產品銷售的其他機會，農民市集則是會見到活動快收攤時，都是原住民族部落的參觀者與攤主，一起在空曠處聊天交流的畫面。而二手市集則可見到不少攤主，自己也以消費者的身分，到別的攤位去尋寶順便交朋友。

但是因為進入市集擺攤銷售普遍的門檻較低，因此還是會有良莠不齊的現象，並且有些市集因為主題固定，攤主銷售的產品也越來越類似，疫情時也減少了相關體驗或主題活動，進而造成了消費者感到無趣，也因此如何更了解消費者及攤主的需求，思考市集品牌的轉型與再造，也成了主辦方的新挑戰。

■ 特殊的體驗

讓人回味的市集能夠透過動線的設計、攤主制度規範、良好的購物體驗以及延伸服務，讓消費者得到實質購買需求的滿足，就算只是逛逛，也能夠有新奇好玩的期待。像是二手市集中的舊物盛典、臺北蚤之市，或是農民市集中的花博農民市集、希望廣場農民市集，以及創意市集中的小蝸牛市集、MLD 台鋁高雄文創市集，都具有一定的特殊性及經營方式，來維持攤主的品質與消費者的體驗經驗。

比起傳統的「武場」夜市型態，「文場」的主題市集，更容易帶動消費者的體驗與教育認知，像是在農夫市集與攤主交流後，生產者與消費者就有機會建立較直接的互動，有助於提升對於農產品銷售的信任感，農夫也能夠從與消費者的互動中，進行產品及服務的調整，也更能達到食農教育的溝通效果。

另外二手市集所買賣的商品，多半是古老且具有歷史的物件，二手商品則可分為服飾配件、玩具公仔、家庭電器、藝術品、古董收藏和其他物品，這時越是具有知識背景的攤主，越有機會將自己展示的物件銷售出去，同時也能滿足具有好奇心的消費者，甚至不少人是自己也喜歡買，所以會透過市集的過程中轉換身分，既可以買到自己喜歡的新歡，又能為成為舊愛的物件找到適合的新主人。

結合地方節慶

而創意市集的發展就較為多元，常常與地方的城市節慶活動、政府標案的主題需求綁在一起，不少攤主也會在販售自己製作的產品之外，提供課程教授及延伸的主題服務，不論是金工還是皮雕，甚至是手沖咖啡，也讓創意市集的面貌相對較為豐富，但在商業與創意的平衡下，消費者常常感到猶豫的則是創作的售價如何訂定才不致過高的問題。

在後疫情時代，市集的發展應該會越來越加蓬勃，可是真正具有專業規劃策展能力的主辦方人才相對較少，整體性的行銷思惟在攤主身上亦不常見，另外產品及服務的品質仍然是部分市集經營者的挑戰，只有具備更完整的「元行銷」思維與規劃，以及真正站在消費者需求的面向來思考，才能使這些開始變得越來越有趣的市集，透過品牌的經營持續發展下去。

夜 市

■ 疫情的衝擊影響

　　以往台灣在餐飲業持續發展的經濟起飛期，憑藉著大量國際觀光客帶來的流量，以及本土消費者對於夜市文化的認同，造就了超過 200 個以上的重點商圈夜市，除了少數曾經屬於國際級的觀光品牌外，多數仍然是小型地方商圈與夜市，主要的消費者還是來自於週邊的居民與通勤民眾。

　　然而我們卻時常聽聞某個品牌，又因為疫情或大環境撐不下去而倒閉，或者是某某商圈夜市又有店家撤出，店面空置率居高不下。商圈的消費型態雖然因為疫情造成了影響，但是隨著疫情解封的契機降臨，許多商圈和夜市都在摩拳擦掌，希望重新找回消費者信心並帶來營收。但是對於一般性的商圈，和特定時間營

業的夜市來說，如何求生並找到疫情後的機會，兩者的方向卻有著很大的不同。

外送外帶的銷售方案對於商圈和夜市來說，只能作為行銷的手段之一，數位轉型並不能完全取代我們在夜市與商圈裡，真真實實感受到的氛圍及現場體驗，回歸到品牌與消費者溝通和夜市組成業者的合作，才能打造更多真正具有地方特色的主題，讓消費先從認識自己的土地與文化開始，才能使台灣過去擁有的獨特商業模式更進化，達到成功轉型與升級的目標。

■ 品牌的價值和投入相對應

以國內的旅遊市場來看，商圈本身擁有整體的群聚產業效益，像是信義商圈、永康商圈、勤美綠園道商圈或是三多商圈。對於在疫情期間，不少商圈因為仍有包含精品或是購物的消費需求，因此仍然能持續維持一定程度的營業效益，自然不需要過度強調重新出發，而是針對所在地的商城百貨，推出更有節慶感與主題性的方案，使商圈經由節慶行銷帶動場域氣氛，增加消費者願意重新接觸的機會，並藉由商圈的特色進行品牌溝通與強化。

而夜市的主體則是包含了區域範圍的街邊店及攤販，例如南機場夜市、逢甲夜市或東大門夜市。尤其許多攤販因為能夠在相對較低的投入成本之下，創意開發出較為創新或是 CP 值較高的產品。總體來說，夜市中的餐飲行業比例相對較高。這時必須在能維持一定防疫條件的情況下，更方便凸顯夜市美食的角度來思考，怎麼使消費者從交通到購買，以及返程時間與運送保存

的影響下，重新整體性的思考設計最符合消費者需要的服務體驗流程。

◧ 節慶行銷力的導入

當品牌希望能在一年當中，讓消費者有規律的關注自己設計的節慶活動時，就不能亂槍打鳥，而是運用專案企劃來系統性的告知。另外像是商圈為主的商業型態，節慶行銷的活動設計，就可以朝向跨產業與體驗活動的結合，尤其是母親節、父親節、情人節或耶誕節，並且經由主題設計，增加參與者的好感度。至於夜市則適合跟旅行業者合作，針對在地原有的區域文化，運用節慶活動推出限定主題餐飲。不論是族群、信仰，甚至懷舊等元素，只要運用得當，都可以增添夜市美食的在地性和獨特性。

節慶活動多半原生於社會公眾文化、信仰以及生活指標，會運用什麼樣的節慶來跟消費者溝通，絕不能亂搶打鳥，而應該從品牌文化中的象徵意義和價值來思考。以往消費者會覺得，百貨公司週年慶人潮爆滿，購物場所嘈雜擁擠，還得花很多無謂的時間去排隊領來店禮，除非真的必要才會前往，但反而是疫情的影響使得消費者變得更加珍惜實體消費購物的體驗感覺。

品牌形象的建立必須透過無形資產的累積，像是行銷傳播活動、新產品及服務，甚至是社會議題的影響。尤其像是商圈夜市，更是能符合消費者體驗的場域空間，使人確實感受到熱鬧的氛圍，所以更適合透過造節，以及現有節慶創新的方式，讓消費者重新認識前往。以農曆新年來說，台北的迪化街就運用了年貨

大街的優勢及節慶議題，帶動了不少的消費商機。

◗ 數位行銷策略應用

　　數位整合行銷傳播是經由全方位的面向來規劃品牌行銷的傳播需求，以及與消費者溝通的管道，而行銷傳播工具的運用與效果，與品牌對工具的掌握與執行監控能力具有密切關聯。現在的消費者跟以往越來越不一樣，從小生長在數位環境當中，對於品牌的認識越來越明確，從上網看網站介紹品牌的背景故事，在社群中接收品牌的貼文分享，再進入到實體店舖之前先透過網路搜尋找到其他消費者的口碑推薦，這些都一再使品牌名稱的重要性相較於過往大幅度提高。

　　沒有品牌名稱就無法在消費者腦中產生記憶點，這雖然是最基本的概念，以往卻只有在少數消費品或零售業的大型企業品牌中存在，但是自從數位行銷被品牌廣泛的接受之後，有越來越多的商圈夜市，都明白了品牌被記住的重要性，並且在數位溝通的形勢下，也能讓不少久未上門的觀光客，重新接觸並喚起美好回憶。因此當「品牌耶誕樹」的發展，在不同目的、議題及資源投入時，同步將數位整合行銷納入，貫穿在尤其像是社群媒體這樣具有動態持續性的媒介當中，才能達到品牌訊息的累積，以及整體品牌效益的提升。

　　以現在的夜市商圈來說，像是有夜市將攤商的主力商品集中上架在外送平台，可以一次訂購後送到消費者手上，另外也有商圈將主題促銷活動以網站遊戲的方式來呈現，以增加消費者的

參與機會。而我從經營社群的經驗中更進一步建議，將商圈與夜市的主要品牌元素和文化特色，有系統地透過貼文與節慶活動，逐步增強消費者的記憶點，甚至運用為虛實整合時的體驗內容元素。

■ 找出特色才能創新

台灣的商圈及夜市有著越來越明顯的變化。能夠存活下來的不再是那些依靠外國旅客走馬看花的消費模式，而必須是更具獨特性及在地化發展方向的品牌。

像是曾經紅極一時的士林夜市商圈、饒河夜市商圈以及六合夜市商圈，都面臨因為過去進駐的品牌所販售的產品，太過於偏向滿足那些喜歡嚐鮮的國外旅客，以至於當現在沒有海外客源時，昂貴的租金及過往的負面形象，也導致國內旅客前往的興趣缺缺。

疫情期間，更凸顯了台灣在地旅遊的議題；只能在國內旅遊的時光，讓台灣跨縣市及精緻主題旅遊越來越興盛發展，外縣市的消費者仍有意願到當地的特色商圈旅遊，像是台中的舊城區商圈、美術園道商圈、台北的南機場夜市商圈、寧夏夜市商圈，都因受惠於米其林美食的國際評選加持，連帶對附近的商圈產生了觀光效應。

▪ 消費者的期望提升

　　對於台灣本身經濟能力不錯的消費者而言，餐飲消費有相當的支出仍然是可接受的，需要的是能符合標準的餐飲水平，尤其當生活型態改變，國人假日在外縣市住宿、購物、用餐的需求提升，傳統的「純夜市」思維模式並不一定能滿足這些族群的需要。我正好前陣子前往外縣市出差，所住的旅館就將附近可以逛街購物的主題景點及特色小吃，全部包裝在一起，除了做成旅遊指南供遊客使用外，甚至還提供了專車接送及外購餐點的服務。這些正好符合了將特色商圈與夜市兩相結合的作法，也代表在後疫情時代，商圈夜市的 M 型發展會更爲明顯。

　　同樣的，商圈的發展若是要往國內中高端旅遊的方向移動，除了連鎖餐飲外，結合附近的特色夜市小吃也是個不錯的選擇。在地居民不論縣市，基本上還是會在工作離家近的地方消費，自然需求可能偏向於物超所值、物美價廉的角度，店家也不可能只是因爲租金成本等緣故，而將消費者當作一次性的消費對象來惡意銷售。

　　選擇進行國內主題旅遊的消費者，多半願意付出較高的費用，換取理想的餐飲品質及商圈環境體驗。冬季來臨，不少前半年辛苦撐過去的業者也期望能在年終的最後扳回一城，但唯有同時從商圈及夜市的核心價值出發，找到適合的消費對象，並重新建立品牌形象，以及適當的服務方式及流程滿足消費者的需求，才能發揮商圈及夜市團體合作的理想效益。

行　動　餐　車

▄▖ 回憶與影視行銷

　　在我們小的時候，常常會看到那些推著小攤車，沿街叫賣的小販，可能是好吃的杏仁茶、潤餅捲，也能是難得一見的雞蛋糕、蒸糕，之後也有許多攤車會在市集、夜市等地方，販售的餐飲類型也就更為多元，包括擔仔麵、炸雞到滷味，也隨著越來越多的人潮聚集，甚至會出現排隊的現象及就近即食的畫面。

　　新冠疫情一度重創了庶民原本習以為常的隨走隨吃飲食文化，但隨著生活慢慢恢復常軌，行動餐車的經營型態又重返我們的視野。雖然行動餐車早已從早期攤販人力推車的型態，逐漸因動力方式的不同，改變為包含三輪腳踏車、機車，以及改裝汽車等經營形式，對於消費者來說，若能在觀光休閒時，在行動餐車

旁買上一杯咖啡加兩顆可麗露，或是一份現烤熱騰騰、香氣四溢的沙威瑪，都可為旅遊的行程及心情增色不少。

美式行動餐車在很多人的印象裡，都曾出現在電影之中，其中最為知名的就是《五星主廚快餐車》（Chef）了！而國內的綜藝節目中，像是《開著餐車交朋友》、《來吧！營業中2》，也都將行動餐車的形式結合在地文化，讓更多人能在享用美食的同時感受到異國風情的特色。

為了能夠更迅速開始營業，也有部分業者會事先將食材、配料等半成品及可直接販售的商品，在家先準備好，到了定點販售時則可簡化料理烹調的時間，但是像是現煎牛排、印度拉茶或是烤玉米，不但必須在現場花時間製作才會好吃，更重要的是——透過香味與視覺的呈現，達到吸引更多消費者上門的五感體驗，這也是行動餐車的魅力所在，因為大老遠就可以聞到讓人垂涎欲滴的氣味，再加上餐車的布置與設計，更能吸引消費者主動上門。

◖ 改裝型態與法規考量

以車輛的改裝類型而言，小型行動餐車通常以手推、腳踏車及機車為主，配置簡易爐具及料理台，而大型行動餐車則是以四輪車輛改裝，因為利用空間及承受的重量都更多，也能夠裝設更完善的烹調設備，並在車體內外進行更多的氛圍布置。甚至當車攤尚未開始營業時，都能因車體外的彩繪在開攤前的事前停放準備時間，都能成為吸引不少消費者目光的活廣告。較為常見的則

是俗稱胖卡車的型態，以箱型車改造而成，又稱為麵包車，服務人員必須在車外進行料理，所需要的營業腹地也較小。

　　而車子的大小也影響了服務及料理的人數，以及停放位置的考量，在美劇中那種可以裝設多種烹調設備器具，並且足夠容納多人同時製作餐點的餐車，多半由大貨車改造，也因為兩側車廂及後車斗皆可打開，所以需要相當大的停車位置。因此除了法規的限制外，營運成本及適合的場地難尋，也都讓這種豪華的大型美式行動餐車相對少見，更多的是特定品牌結合餐飲的體驗型餐車。

　　但是，同樣是是行動餐車的概念，早期的攤車多半料理方式簡單，行動工具的動力也較為安全，但是當美式風格的餐車開始盛行時，受限於本地法令的汽車相關改裝規範，以及當要將攤車改造成類似廚房一樣的烹調場域時，在安全性及管理上，也就有了更多的限制與要求。不過也因為投入這樣形式的創業者，人數不斷在增加中，因此在法規的管理上，也有逐漸邁向更符合市場需求並鼓勵經濟發展的趨勢。

▪ 社群曝光與宣傳

　　既然是行動餐車，就不一定會群聚在同一個地方，有些經營者會跟隨著自己熟悉的合作夥伴，到各大特色市集或主題活動來營業，有的則是會在不同的夜市輪流出攤，但當然也有不少的行動餐車維持只在單一的夜市或是商圈活動的方式營運，除了熟客更容易重複上門之外，也省掉了一些需要四處尋找客層機會的不安定感。

自從社群媒體興起，再加上相關電影的推波助瀾，行動餐車的經營者即使不在同一個地方固定營業，也有不少忠誠的支持者，會特別關注品牌的粉絲專頁及 LINE 帳號，隨著場地的更換與營業時間的調整，追隨著品牌的腳步，甚至有些限量及預購的餐點，也都能透過直接與攤主聯繫的方式，確保消費者能買到，同時也能讓經營者的備貨準備更為精準。

尤其是不少行動餐車營業時的位置，像是大型的異國嘉年華時，除了本身的特性外，集合多家品牌的氣勢、各自的裝潢與設計，搭配戶外的用餐氛圍，要是到了傍晚結合場地燈光，營造出浪漫愉悅的感覺，再配上環境的音樂與人群的熱鬧感，都更讓許多消費者念念不忘。也因此，對於經營行動餐車的經營者來說，如何凸顯自己的餐飲特色，又能融入參與的市集與夜市，就成了行銷上的切入點。

◆ 限制條件與社會責任

對於行動餐車來說，消費者幾乎都是外帶外用，也有不少人會在一旁就大快朵頤，因此包裝的設計上也相當重要，不但得考量能安全的保護盛裝食物，還要能凸顯品牌特色。像是加上了外袋、一次性餐具，甚至比較貼心的還會同步附上紙巾，再加上不少的行動餐車提供的是飲品類，免不了都會面臨這些包裝容器使用後的問題。

隨著時代的改變，行動餐車的管理與經營形式，也有了更多元的面貌，不論是市集夜市、主題活動，或是露營區，都更常見到行動餐車的身影，因此除了瞭解在餐車的改裝上如何符合法規

要求，另外像是環境的整理、垃圾及容器的回收，以及餐飲衛生的要求，都是品牌持續營業的關鍵。

　　尤其是少數行動餐車的定價過高和餐飲份量過少，讓人有一種「餐車刺客」的負面觀感時，即便車子裝潢得再有特色，或是在網路上的名聲有多響亮，畢竟消費者的體驗過程中若是出現不舒服的感受時，就很難會有再次上門的機會。只有當消費者真正吃得開心、對價格及餐點本身都感到滿意，又能因為行動餐車的特殊情懷為品牌加分，才能一直維持消費者再次回購的機會。

chapter 6

來杯好飲料：
咖啡、茶飲、包裝飲品、地酒

咖　啡

■ 流行性飲品的趨勢

　　台灣人究竟有多愛喝咖啡呢？根據國際咖啡組織（ICO）統計，國人 2021 年全年咖啡消費總數約為 28.5 億杯，平均每人每年約喝 122 杯，自 2018 年起每年增加 1.6%。從以往的附庸風雅，到現在上班族的日常必備，台灣的咖啡店超過三千家，以星巴克（Starbucks Taiwan）、路易莎（LOUISA COFFEE）、85度 c 為數量的前三名，許多經營多年的連鎖品牌也在急起直追，甚至持續有新品牌加入戰場。而像是統一超商、全聯這類的超商及超市，運用了龐大的自帶客流量，也有超過一萬家門市提供現煮咖啡的服務。

根據農委會統計，我國近年自產咖啡豆產量大約落在 700～1,100 公噸，還不足以供應國人所需，因此咖啡豆大多仰賴進口。依財政部的資料顯示，2021 年咖啡豆進口量達 4 萬 866 公噸，進口金額首度突破 2 億美元，較 2011 年翻倍成長。2022 年前 9 月累計進口金額已達 2.1 億美元，超過前一年全年進口金額，年增 38.2%，主要的進口來源依序為巴西（占 15.5%）、衣索比亞（占 15.3%）、美國（占 12.4%）及哥倫比亞（占 12.1%），合計超過 5 成。

至於有哪些縣市的人特別愛喝咖啡呢？以 2022 年 8 月底全國咖啡館家數來看，臺北市 929 家居首（占 22.7%）、臺中市 474 家次之（占 11.6%）、新北市 459 家再次之（占 11.2%）。若以人口來計算咖啡館密度，六都中以臺北市每萬人口有 3.8 家居冠，臺南市 2.0 家與臺中市 1.7 家分居 2、3 名。

包含伯朗、cama、及金礦、黑沃等各有特色的中等規模連鎖咖啡品牌，並算上各家連鎖速食店、西式早餐店及其他像是中油這類型的複合式品牌，台灣初估超過兩萬家的門店，以提供現煮咖啡為重要或是核心商品。

◾ 連鎖咖啡店命運大不同

市面上可以獲得現磨咖啡的場域，主要包括連鎖咖啡店、獨立咖啡店、便利商店及超商超市、速食店、手沖茶飲店和吃到飽餐廳，這些場域都同時帶動了咖啡需求的持續增長。但當我們想好好地品嘗一杯咖啡時，還是會特別選擇專門的咖啡店。至於連

鎖咖啡店品牌的消費者偏好，以「網路溫度計民調中心」的調查顯示，過去一年曾喝咖啡的受訪者中，喝過星巴克者占比最高，為 68.9%，其次則是喝過 85 度 C 者，占比 53.9%，同時，調查結果顯示，星巴克在北部、中部、南部以及所有年齡層中，喝過的比例均為最高。

但其實從門店數來看，星巴克與路易莎的門店數都維持在 530 ～ 550 之間拉鋸，可見並非單靠門市數量就能決定消費者的選擇與偏好。像是路易莎咖啡雖然開店數量超過星巴克，但因門市開立地點仍舊以市區為主，偏鄉或離島地帶難以見其蹤跡，故以數據而言，雖然路易莎店面數量贏過星巴克，但因對手店面遍及偏鄉及離島地區，且其外觀裝潢也頗具特色，例如台中麗寶鐘樓星巴克、花蓮貨櫃星巴克、嘉義民雄小木屋星巴克等，從風格層面深具品牌記憶點，因此仍能穩坐咖啡龍頭寶座。

另外，區域性的連鎖咖啡品牌也扮演了重要的角色，像是中南部的多那之（Donutes）、卡啡那（CAFFAINA）、烘焙者（Roastting Coffee）、歐客佬（Oklao specialty coffee）等品牌，也都有自己的忠誠顧客及支持者。近期異軍突起的成真咖啡（Come True Coffee）及客美多（Komeda's Coffee）也在逐步展店成長，除了嚴謹的開放加盟模式外，特色餐點的形式和品牌理念的特殊性，也是這類品牌的生存競爭條件之一。

因此在具有地方特色及觀光元素的城市，連鎖咖啡店其實還有相當大的成長空間。對於品牌來說，門店的擴張則必須謹慎，持續開拓不同城市內的潛在商圈，也讓消費者從直轄市到鄉鎮都能有一定的品牌能見度，以實現擴大接觸潛在消費者的機會。

▪ 單店獲利能力才是重點

對於消費者來說，其實店數多不一定等同於品牌力強，星巴克擁有的品牌形象和店裝風格，源自於美系文化精神，以其國際化的條件結合在地化的元素運用，具有高度的識別性和品牌領導力。相較之下，本土咖啡店的品牌形象也仍在持續強化，增加能使我們立刻被吸引甚至記住的元素，像是路易莎與蔦屋書店合作，或是進駐萬華老街區等。

從延伸的品牌效益來看，開店數量夠多，確實可以讓消費者更容易看見，但是，單店的獲利能力仍然是品牌生存的重點。不論是收藏的杯子還是周邊小物，大到節慶禮盒的企業採購，星巴克的品牌優勢還是較為明顯，並且能反映在營業額上。一家星巴克的獲利能力粗估是路易莎的 2.5 倍到 6 倍，而 85 度 c 門店數雖然也很龐大，但在消費者不論對其味道或烘焙品質，支持度都不如以往的情況下，在台灣的獲利面臨停滯階段。

85 度 c 曾經一度在 2007 年門店數超過星巴克，但不同的是，85 度 C 當時有四分之一的門市結合麵包坊為特色，而今日的路易莎則是以複合餐點及周邊商品販售為賣點。從媒體反應和話題來看，反應出台灣的咖啡品牌經營者，策略上通常是以先占數量、再求形象提升的方式，來獲得話語權及關注。

至於老品牌伯朗咖啡雖然門市數量不多，卻也因企業品牌金車集團本身的力量加持，加上門市皆設立在觀光景點，除了咖啡販售外，也有酒品及餐點類的複合式餐飲，故仍有不錯的販售成績。

連鎖超商咖啡強勢崛起

從 2020 年的營收來看，7-ELEVEN 的 CITY CAFE 營業額推估逾 150 億，而全家現煮咖啡 Let's Cafe 也達到 60 億，就消費者便利性而言，隨處可見的便利商店也更容易成為購買現煮咖啡的通路。雖然以往有人認為，超商的咖啡沒有連鎖咖啡店的味道獨特，但就現實層面來說，不論是咖啡豆產地還是供應商能力，以咖啡實際盲測的結果來說，品牌的差異性並不明顯，很多情況下差異真的只是品牌的刻板印象所造成。

超商現煮咖啡的另外一個優勢則是——品牌 APP 系統的強大整合能力，不但能透過促銷方案提升顧客寄杯的數量，達到提升消費者黏著度與競爭者壁壘，更在多元的超商服務模式下，將咖啡的購買或領取目的轉變成為了其他需求服務的附帶行為。當為數眾多的消費者，對咖啡的需求不以內用為考量時，超商咖啡的品牌競爭力就很有優勢。另外便利商店也直接開起咖啡店，繼 Let's Café 旗艦店後，全家更選在台北一級戰區中山商圈，開設了全台首家「Let's Café PLUS」品牌體驗店。

統一超商則是加碼精品咖啡市場經營，雙高端精品咖啡品牌「CITY PRIMA」店數更是增加了四成；「！＋？CAFE RESERVE 不可思議咖啡」則首度跨界合作 WCE 咖啡杯測賽冠軍，推出「CUPPING 冠軍咖啡豆」，搶攻精品咖啡市場。之前業者推出了一款限量 200 杯的 500 元咖啡及另外兩款各限 800 杯的每杯 250 元咖啡時，曾引發熱烈討論；其中主要的賣點則是選用了 2022 年「阿里山咖啡莊園精英交流賽」中榮獲藝伎組頭等獎的咖啡豆，對比第一名特等獎的咖啡原豆每袋 5 公斤要價 32 萬元，想必成本應該也不會太低。

超市賣場則成功將咖啡的購買體驗延伸爲「順手經濟」。像是家樂福 Market 便利購規劃了不錯的休憩空間，也販售現煮咖啡，有時晚上還會看到不少忙了一天工作的上班族，買杯咖啡、搭配餐點，在此休息；甚至也有家庭客群。全聯的現煮咖啡 OFF COFFEE 則是採自助式，有不少消費者會在買完家用品後順手來一杯，所以很常見到家庭主婦光顧。

設立咖啡座位能增加我們購買超市現煮咖啡的動力，從好市多的餐飲經驗來看，可以得到證明。

■ 跨界產業搶商機

台灣中油已經有超過 120 家複合式便利商店，雖然過去因整體品牌發展策略最重要的功能是消費者加油累積集點的贈品兌換處，但近年來也自創品牌「CUP&GO」搶攻外帶咖啡市場，針對消費者在旅遊過程中，除了能有地方加油、甚至休息的需求來滿足；更因休息站是消費者長途旅行的中繼點，前往特定的風景區或偏遠地方時，除了便利商店外就只有加油站能滿足一站式消費需求。雖然還需要一定的時間來與消費者溝通，使其對品牌產生認同，但若能同步提升營運與服務，甚至結合數位行銷的虛實整合，或許未來會有更多人願意專程到附近的加油站來杯咖啡！

也有一些非營利組織也跟著成立了以身心障礙店員爲主的庇護工場咖啡館，包含了喜憨兒餐廳、銀光未來館、YOUNG 記憶咖啡館、僕樹咖啡館等實體店面，或是由庇護工場品牌推出咖啡相關產品，在重要的節慶期間販售咖啡禮盒，帶動消費者購買的機會。

其餘非營利組織雖然沒有店面經營，卻也有在販賣沖泡式咖啡包，其味道並不輸給市面上的品牌咖啡。當消費者可以同時做公益，又能享用美味的咖啡與餐點時，可說是一舉兩得。

■ 獨立咖啡店的機會

而更多的獨立連鎖咖啡店雖然只有在特定的城市、商圈存在，大眾消費者不一定會廣泛認識，但品牌卻能憑藉差異化的風格，成為附近居民或上班族的陪伴者。以我個人小時候生活的區域永康街為例，就算沒有大量觀光客時，不少獨立咖啡店仍然能存活得很不錯，倚靠的忠誠消費者則是附近具有一定消費能力的鄰近工作者及社區住戶。當消費者因為觀光路過，甚至是特別前往朝聖時，只要能找到品牌的獨特定位，在咖啡市場還在成長的階段，就能佔有一席之地。

在疫情期間，不少獨立咖啡店倚靠電商平台及直播，快速打開品牌的知名度，並且在自己選豆、烘豆及手沖理念的分享中，也凝聚了一批忠實的線上消費客群。這樣的情況就算在疫情緩和後，仍然有機會藉由社群的力量繼續維繫，也是大型咖啡店及其他連鎖品牌不容易撼動的地方。但是當更多的品牌持續曝光、甚至運用一些行銷手法來吸引消費者時，如何守住好不容易獲得的客源就成了重點。

也因此，就算是獨立咖啡店也還是很有自己品牌的發展空間，只是品牌必須從整體氛圍及產品創新的角度來提升競爭力，另外也包含運用社群來增加與消費者的接觸機會，像是節慶活動促銷時，運用現磨的掛耳咖啡來打開品牌知名度，最大限度地保

留各店獨特的咖啡香氣與口感，藉此吸引消費者願意到實體門市造訪。

◤ 手沖咖啡風潮夯！

消費者的選擇及需求，會逐漸影響市場競爭條件的改變。有越來越多人不只在乎咖啡廳環境是否優美，更在乎包含咖啡本質或自我品味的呈現。從價格的角度來說，消費者願意爲具有差異化的產品及服務付上多少相對代價，是一個相當重要的評估依據，尤其像是咖啡市場越來越成熟，除非品牌的產品差異化有消費者無法拒絕的理由，否則隨時可能被競爭者迎頭趕上。

以往我們總會認爲，要自己沖煮一杯好喝的咖啡並不容易，但即使現在不論是咖啡豆、咖啡壺、咖啡濾杯的取得都越來越容易時，還是不免顧慮在辦公室一個人沖起咖啡，會不會引起同事側目。但這次的疫情帶來了衝擊性的改變，不論是在家上班期間培養出親自手沖咖啡的習慣，還是公司爲了減少員工在外消費的風險，而在辦公室準備自煮咖啡的設備，都可以發現，疫情明顯提升了許多咖啡品牌周邊產品的銷售熱度。

在家就能享用咖啡的產品類別包含：即飲咖啡、包裝咖啡豆／粉、沖泡即溶咖啡、掛耳咖啡、膠囊咖啡、冷萃咖啡液，沖煮類咖啡則需要使用咖啡機或手沖等器具進行二次加工，沖泡類需加入熱水或冷水進行稀釋、溶解或過濾後即可飲用。自己動手的風潮也提升了我們對咖啡產品的認識，像是筆者家中的銀髮長輩也將手沖咖啡視爲休閒的一環。

從現實層面來看，咖啡豆、咖啡濾紙或掛耳包及膠囊等，這些常態性的咖啡消耗品，也會在消費者的品牌認同與購買便利性平衡下做選擇，因此量販店及超市常見的星巴克、伯朗、UCC等品牌所推出的咖啡相關產品，都是許多消費者優先考慮選購的品牌。

自己沖咖啡的風潮也帶動了相關器具的銷售，從咖啡的沖煮器具，像是 HARIO、月兔印、Kalita 等日式系品牌較為常見，或是以歐系為主的精品品牌也有不少支持者，但台灣本土自己開發的咖啡器具品牌卻少之又少，除了像是與日本設計師合作的 TG，多數咖啡店仍是以國際知名品牌器材為販售的主體，這或許是台灣的文創設計領域可以積極布局的機會。

▪ 數位傳播建立品牌歸屬感

以往超商品牌的現煮咖啡一直都有運用知名代言人在大眾媒體溝通的習慣，除了結合促銷方案增加業績外，更重要的是對品牌產生「具象化」及「差異化」的形象建立，從情感層面結合廣告微電影的訴求主題，誘發消費者的內心及行為反應，進而產生品牌記憶點。

像是全聯福利中心 OFF COFFEE 推出了微電影《媽媽的黑洞 Black Hole》，連鎖速食龍頭麥當勞的咖啡品牌 McCafé 也拍攝了迷你劇集《從喝杯咖啡開始》。在數位環境中，消費者除了產品本身，也越來越重視品牌與自身的連結，願意投入資源做品牌溝通的業者，就更有機會被消費者給記住。

咖啡市場尚未飽和！

在台灣這麼龐大的咖啡市場下，雖然與鄰近的日韓相比，台灣咖啡市場看來尚未飽和，消費者每年平均喝掉的咖啡杯數仍有成長空間，但是越來越激烈的競爭和產業的內捲化已開始發酵。

運用「品牌再造十字架」的理論架構分析，從現煮咖啡的趨勢崛起、消費者的習慣養成，各業者的競爭策略運用，以及咖啡品牌自身的形象與服務，疫情後的台灣市場，將產生較以往更為劇烈且急迫的變化。

尤其是以品牌偏好及話題性來說，星巴克可說仍超越多數連鎖咖啡店，而同時擁有 CITY CAFE 的統一集團，也是現階段市場的最大贏家。從總體的競爭情況來看，現煮咖啡的主要提供者，各自有支持的消費者及購買習慣。咖啡店具備了風格與體驗的獨特性，甚至有些獨立咖啡店更成了咖啡文化的推動者，但若以便利性來看，消費者對一站式服務的需要，也讓帶著走的一杯咖啡，成了生活中簡單的儀式行為。

消費者越來越從以往「認識咖啡種類」到「自己決定偏好」，這個過程不論是哪種提供服務的品牌，都必須思考自己的品牌核心能力，及希望消費者認同的品牌理念，不再只是一昧的訴求咖啡豆產地或是得獎光環；是要運用空軍般的行銷傳播使消費者產生全面性的品牌認知或廣開門店的陸軍戰略來逐漸提升消費者忠誠度，還是運用海軍陸戰隊的精準打擊，瞄準重度消費者進行溝通，畢竟只有存活下來而且活得精彩的品牌，才是真正的贏家。

茶 飲

茶葉對台灣的價值

　　台灣本身擁有的農作物中，茶葉可說是相當具有經濟效益的農產品。像是台灣唯一不靠海的南投縣，由於地理條件環境合適，各種特色茶種都有相當不錯的表現。農委會茶業改良場2019年曾提出，台灣是以不同發酵程度的部分發酵茶聞名，包括包種茶、鐵觀音、凍頂烏龍茶、東方美人茶及紅烏龍茶等，而部分發酵包種茶、鐵觀音、凍頂烏龍茶、東方美人茶及紅烏龍茶等在國內的生產面積約 9,000 公頃，茶葉產量 11 萬公噸，年產值可達 55 億美元。

　　但在整體市場需求中，中低價位的原料茶還是仰賴進口。根據經濟部國際貿易局（BOFT）之統計，2021 年台灣自全球 30 多

個國家進口 3 萬 3,000 公噸茶葉，進口總金額達 8,780 萬美元，越南則是台灣最大的茶葉供應國，總量 1 萬 8,330 公噸，達 2,891 萬美元，占臺灣茶葉進口之 55.23%。

進口原料茶多數用於連鎖的手搖茶飲店及作為製作餐飲時需要加入的原料，也有部分製作成袋茶及罐裝茶在市面販售。在亞洲文化中，茶扮演著重要的角色，包含茶的文化歷史與知識、採製茶的工具與過程、茶道精神及茶湯品茗，甚至是茶器的挑選與差異，都是消費者會感興趣以及願意付費學習的部分。

因此提昇國內自有茶的價值與品牌建立，也成了相當重要的一項功課。從其他飲茶大國的經驗來說，極力保存傳統茶文化相當重要，像是日本「靜岡茶草農法」就獲世界農業遺產認證，中國的「傳統製茶技藝及習俗」也被列入聯合國教科文組織人類非物質文化遺產，包括福建省的武夷岩茶（大紅袍）製作技藝、鐵觀音製作技藝、福鼎白茶製作技藝、福州茉莉花茶窨製工藝、坦洋工夫茶製作技藝、漳平水仙茶製作技藝等六個。

對岸的從業人員甚至有嚴格的茶藝師執照可以考取，藉此提升整個行業的水平及形象，台灣其實也可以借鏡，並且藉由產業現代化，吸引年輕一代的從業者或家族後代願意投入及接手，也才能帶動更多新世代消費者願意上門消費。

另外近年國產高價精品茶，時有面臨低價進口茶混充的問題，政府也正在推動研擬制訂「指定國產茶葉為應登錄溯源資訊之農產品」草案，將溯源制度導入國產茶葉，以保障消費者及茶農權益。

高強度的生存戰

讓茶飲從專業品飲走向大眾化的關鍵，當屬遍地開花的手搖茶飲。從經濟部的統計資料來看，冷熱飲料店的營業額由 2011 年 546 億元躍升至 2021 年 924 億元，其中除 2020、2021 年受 COVID-19 疫情影響外，其餘年度均呈遞升態勢，平均每年成長 5.4%，再從財政部營利事業家數統計，近 10 年飲料店家數以倍數成長，2022 年 8 月底已來到 2 萬 7,509 家，其中以「冰果店、冷熱飲店」占 81.7% 居首。

六都的手搖飲店共占全國店數的 70.8%，其中又以高雄市的 4,000 家冠居。全台競爭最為激烈的幾個特別戰區，像是臺北永吉路 30 巷，500 公尺左右距離內，有超過 15 家飲料店，或是寧波西街的一個十字路口，就有超過 10 家手搖茶店，甚至像雲林的虎尾鎮就擁有超過 70 家手搖飲店。

以品牌家數來看，前五名分別是清心福全（950 家上下）、茶之魔手（500 家上下）、五十嵐（400 家上下）、CoCo 都可（300 家上下）及鮮茶道（300 家上下），其後仍有不少緊追在後的品牌，也都有數百家的實力。

造成這種現象，從正面說，因為手搖飲業的進入門檻低，許多年輕人希望成就自己的一番事業，透過加盟的方式來開店，而台灣不少茶飲的加盟總部，擁有行銷開店的豐富經驗，輔導加盟就業的技術相當成熟，品牌也在一拍即合的情況下快速擴張。

另外，國內本就是茶業及水果的生產基地，也是國際貿易的重鎮，所以包含高檔的純茶品，到製作珍珠的進口樹薯粉，甚至

是食品工業的調香技術，和各種水果調和茶品的研發，在市場越是競爭的狀態下，業者對於產品的研發與創新就越有成果。

▪ 進入門檻較低

手搖茶飲的開店業者，不論是傳統的紅、綠茶，到加奶、加珍珠，甚至是花草茶及咖啡，提供 20 ～ 50 種的品項服務算是正常，但這些產品卻多半沒有專屬的獨特性，也幾乎沒有成為產品及服務品牌的完整構成要件。同時手搖飲具有相當程度的季節與主題流行性，像特定種類的水果茶，或搭配節慶的主題飲品。也因為開店門檻低、產品同質性高，再加上產品必須現場製作，所以人事成本也相對提高，所以當品牌在創立初期能開 1 ～ 5 家店的時期，可說是風險最高的時候。

原物料的採購量尚不夠大，成本無法降低，研發的產品其實多半也不容易有真正的獨特性，甚至因加盟總部的營運能力尚不完整，連儲備店長的培訓也相當困難，不少品牌常常跨不過這個門檻，只能艱苦維持。

若是從供應鏈的上下游來看，負責供應原物料的廠商若是能做到一定的經濟規模，可以將原料、設備、到半成品都統包，降低初期連鎖加盟休閒飲料的風險和壓力，但卻也更加導致了同業產品同質性高的結果。

由於品牌光環仍對消費者有一定程度的影響，所以還是有許多新品牌不斷的出現，靠著差異化的店面設計和包裝，來吸引消費者不斷嘗鮮。但是就風險來看，也由於許多品牌的產品同質

性相當高，且在服務流程及購買便利性上表現雷同，所以消費者往往缺乏品牌忠誠度；站在夜市時，任何品牌在他的眼中不見得更有優勢，也可能是價格取勝。而外送點餐更成為許多上班族的消費習慣，但不斷嘗鮮新的產品及品牌，更是成了工作之餘的樂趣之一。

■ 消費者心態轉換

因為店面租金、原物料成本及人事成本上漲的壓力下，手搖茶飲的價格除了基本款，已經從 50 ～ 60 元到近百元都是常見的區間，當一餐一個便當一杯珍奶就要 200 元時，消費者是咬著牙買下去，還是只能先放棄手搖飲，或許對品牌也成了一大挑戰。對消費者來說，是否手上需要一杯手搖飲或咖啡，很多時候關鍵不再於飲品本身的功能，更多是消費者心理層面的需要。

從性別結構上來看，消費者中的女性選購奶茶及加料茶的興趣明顯高於男性，若是純茶品則接近男女各半，但若另有銷售咖啡類品項的則變數更大，因此，目前各手搖飲品牌的產品策略和店裝設計也較明顯向女性族群靠攏溝通，另外，在減糖、低糖的整體風潮下，香氣和飲料外觀都更成為消費者選擇時的考量因素，像是產品成品的色彩搭配和風味設計是否吸引人等。

其實對消費者來說，不論是人工的濃糖果漿、香精香料，還是越來越多的品牌採用新鮮水果原汁，都各有消費者偏好，但是多數消費者對於好不好喝還是更為在意，那這時不同品牌的分眾溝通，就必須更清楚目標消費者的飲用情境及口味差異性的原因。

至於是用新鮮果汁當訴求，還是更強調消費者在品嘗後的內心滿足，甚至是社交議題的滿足性，可能就是各品牌可以後續著力的地方。在能夠選擇的情況下，像是幫助小農的社會議題、選擇小農鮮乳等更有社會公益的議題作為產品時，也是能提升消費者心理層面願意支持的原因之一。

像是台灣各縣市都有自己的特色茶農業及水果物產，若是能結合地方政府的合作推廣，以主題性活動來增加消費者關注，不但能強化品牌的在地性，更能在消費者認知中留下較好的形象。

另外像是枸杞、人參等養生食材的運用，也對消費者的秋冬季需求做為填補，不但能增加與新客群的接觸機會，更能提升原有消費者在季節性需求的差異滿足。

▪ 還能變出什麼把戲

大致上來說，我們可以將市場上的手搖飲店之商品內容分成五類，包含：純茶品類、茶品加奶類、茶品加添加品類、奶類加添加品類，以及咖啡奶茶化類。作為純茶品的基茶，像是綠茶、紅茶、普洱、金萱、烏龍等，雖然各品牌都有，但各品牌還是會有些許風味差異，價格通常也最親民，但在變化性上也最不容易加以調整。從水的層面來說，像是氣泡水、蘇打水等元素的加入，也是種讓消費者願意嘗鮮的機會。

以基底茶加上其他成分的組成，也是市場常見的大類，從珍珠粉圓到蘆薈、布丁、杏仁凍，甚至是芋圓、小湯圓，以往在我們記憶中吃冰時能添加的成分，大概都已經被業者試過了，甚至連鹹食中的鹹蛋黃都有品牌推出過。另外結合特色水果、知名品

牌原料等作法，也是手搖茶品牌常見的方式，但其中最大隱憂在於，這些組合沒有獨特的專屬性，別家要複製類似的作法也無不可，除了少數總部擁有獨特性極具識別度的配方外，各品牌多半都會面臨熱門商品被他牌快速模仿的局面。

另外，從對岸市場來看，若是更往健康題材著墨，像是加入維生素、益生菌、膠原蛋白、膳食纖維及雜糧穀物等元素，也將產品屬性從飲料更加導向偏代餐的型態，當手搖茶品牌被消費者信任後，就能重新回頭將產品延伸，回到消費者的生活場景，運用銷售袋裝茶包、沖泡粉等產品來維繫消費者在不方便臨店消費時，依然可以喝到專屬品牌的熱飲。

各家手搖茶飲對於是否販售咖啡類的產品，其實都有不同的考量，但是包含清心福全、可不可熟成紅茶、CoCo 都可等品牌都有提供咖啡類的產品，更多品牌則是販售咖啡奶茶化類的產品，將咖啡作為原料之一，而非主打品項，除了增加消費者的選擇機會外，也更能同時提升與主要消費者不同性別的男性購買意願。

▪ 品牌行銷的重要

手搖茶品牌在行銷手法上，只有少數品牌會見到像是聯名授權、集點加購贈品等，多數還是採取優惠直接折扣及網紅推薦的方式；對於消費者來說，除了飲料之外，品牌本身的獨特性與價值，是不能只靠購買產品而建立的。在環保意識抬頭下，以紙杯逐漸取代無法回收分解的塑膠杯，品牌同時投入設計與創新資源，跟知名 IP 或卡通動漫聯名，藉此吸引消費者目光。但當品牌

若只是倚靠議題趨勢炒作，別的品牌也很快推出同質性商品，最終大家還是只會注意到產品本身，並沒有真正對品牌建立更高的偏好度與記憶度。

值得關注的是，要做到會員回購的忠誠方案，其實並不容易；就算不少品牌推出了會員APP或會員認同卡，但搞清楚什麼誘因才能使消費者真心想持續再購，還是要從產品面及會員活動來著手，買十杯免費換一杯並不是沒有用，但是在大家喜新厭舊以及很多時候只是想嘗鮮的心態下，可能就連第一個點數的取得也不太有興趣。

因此，對於手搖茶品牌來說，打造有專屬性的長銷產品的品牌與訴說更有吸引力的品牌故事更可能是具長期效益的品牌經營方式，雖然產品本身很重要，但唯有各品牌擁有別人無法模仿的專屬獨特產品，並建立成產品品牌的唯一性，才能成為自身的特有價值。

當手搖茶品牌已經達到一定的市場高度時，透過與其他品牌的合作及授權，像是將聯名商品加入餐點或是做成零食，都更能提升消費者對品牌的關注度，在消費者回到門市購買時，也可能更能注意到品牌本身的其他元素及特色。而社群溝通也能達到一定的成效，讓消費者就算不是因為購買產品，都會對品牌的貼文內容或是節慶活動感到興趣。

而當品牌不再只限於零售店面的銷售，甚至在節慶活動推出專屬禮盒時，比如像結合茶點、蛋糕、蛋捲，甚至是推出品牌公仔，都能讓品牌的價值持續擴張。在咖啡店成為消費者的「社交空間」的同時，或許進化版的手搖茶店，甚至能夠以茶餐館的型

式，在結合老宅、特色園區等元素後，也能成為消費者願意花費更多金錢與時間停留的場域。

中式餐茶館崛起

台灣茶飲具有高度的在地化文化特殊性，從茶藝館的泡沫紅茶到外帶杯飲料店，還記的我家附近早期的茶藝館，以及像是東區及台中的一中街，都有這樣形式的店，但是現代化的茶飲內用店，則更強調氣氛與風格，以及餐飲品質的提升。還記得我在大學在台中讀書期間，最有時代感回憶的餐廳類型，不是那些精緻高尚的西餐廳，而是幾家在台中發家的中式餐茶館。從春水堂、翰林茶館、喫茶趣及近年來的集客人間、永心鳳茶、有春茶館，甚至許多單店的知名品牌，都屬於這個範圍。

有別於一般下午茶形式的中式餐茶館，介於正式用餐和休閒飲茶的交集範圍，更不同於港式飲茶的喧囂熱鬧讓人焦慮。單是以 2020 年的喫茶趣公開報表來說，就有超過 90 萬人次上門消費。然而這樣形式的餐飲類型，在過去並未吸引太多業者願意經營，主要的原因有三：

1. 用餐空間必須足夠

2. 餐點品質不能太差

3. 茶飲水準必須要夠高

且這樣的型態創業初期資本較高，又因中式餐茶館的特色定位較為困難，這都是想經營這個類型茶館生意的業者必須得思考克服的地方。

帶有人文及古典氣息的元素，通常是中式餐茶館的基本要素，加上各店強調的品牌特色各有不同，有的融入創新的現代化佈置，有的則是更強調十里洋場的懷舊感，也因此中式餐茶館在建構初期所投入的成本勢必高於單純的手搖茶店，根本是間同時販售茶飲與簡餐的餐廳。

但既然是中式餐茶館，消費者對於餐點的要求自然有所期待，像是青蒜魷魚五花鍋、茶王無錫排、烏龍茶朴子蒸魚等各家的餐點，或多或少都融入了茶元素的組合或臺式酒家菜的料理形式，結合中式各大菜系，以「茶」入菜！滿足消費者不僅喝茶也吃茶的五感新體驗。

近年來更有中式餐茶館針對湘菜、川菜、上海菜及江浙菜系等不同菜系結合，雖然沒有一般專門餐廳的多樣化選擇，但是經由與一定水準的茶飲結合，滿足了現代人一種追求「吃巧」的需求。餐點品質、特色以及與茶飲的連結是中式餐茶館的成功關鍵！

◾ 茶飲的空間體驗

我們在疫情期間深刻發現到，很多倚靠空間體驗的餐飲品牌，都因為消費者無法內用而大受影響，事實上，對於單純將賣點放在裝潢和佈置的「網紅店」更有直接的衝擊。戴著口罩不再適合在店內到處擺姿勢拍照，若本來餐點的品質水準不夠，也將成為消費者難再上門的致命傷。也因此在疫情期間，不少受創的餐飲業者也在試圖在尋找未來的消費者可能更感興趣的餐飲需求型態。

就餐點服務而言，一般中式餐廳的專長與連鎖手搖茶店之間，多半有明顯的差異，部分餐廳縱然也有銷售茶飲，但品質能達到較高標準的並不多，也可能只是將茶飲當作額外獲利的產品考量。一旦業者想轉型為中式餐茶館的類型時，不論是消費客群的再溝通，餐點特色與茶飲的連結度，以及品牌形象和定價策略等，在在都是頗具困難度的挑戰，就算是客層穩定的傳統老店也必須重新盤點，若是採開放店內用餐的情況下，年輕人是否能接受原本古樸的用餐環境。

　　以套餐形式為供餐主體的中式餐茶館，在疫情期間在運用促銷方案結合外送外帶模式後，還能有不錯的營業表現，原因在於當消費者想要同時飽餐一頓，又希望能搭配一杯不錯的飲品時，這樣的組合反而成了中式餐茶館的優勢。運用單品茶點、茶膳套餐、鹹甜點心等組合，再加上品牌形象的強化，可能成為在後疫情時代，對具備一定經營能力，又希望同時滿足消費者環境體驗與餐飲品質的業者而言，是一條有潛力的發展機會。

包 裝 飲 品

◾ 便利是王道

    當晚上突然口渴想喝杯飲料，或是三五好友去野外露營，或突然想起懷念的快樂肥宅水時，包裝飲料對消費者來說，有著不可取代的寶貴價值。即便手搖茶店滿街都是、咖啡店四處林立，然而在不論何時都想隨時喝到飲料時，包裝飲品還是最佳的便利選擇。國內的食品產業工業化程度相當成熟，因此包裝飲品每年市場規模達近千億元，隨手可得的便利性也讓許多品牌針對不同的類型、口味、品牌形象、消費者使用目的，即便競爭再激烈，也持續推出新品。

以經濟部工業局的飲料製造業來區分，扣除酒類產品的「非酒精飲料製造業」，當中包含果蔬類飲料、礦泉水、包裝飲用水、運動飲料、咖啡飲料、茶類飲料、機能性飲料及其他飲料。不論從品牌知名度或購買的便利性，包裝飲料因為長期透過行銷傳播溝通，及品牌建立流程的正規化，消費者多半都能立即聯想到領導品牌。

從價格來看，雖然包裝飲料的價差極大，但是基本款的價格通常比手搖茶飲更便宜一點，像是一瓶700ml的無糖綠茶，在量販店打完折可能只要20元上下，若是現在最流行的咖啡，當想要來瓶好喝的含糖瓶裝咖啡時，也只要25～30元就能入手。對於具備品牌忠誠度的人來說，即便小瓶裝飲料在超商的價格可能就要30～35元，但快樂暢飲碳酸飲料的愉悅感，是很難被取代的。

◼ 保存環境的差異

以新鮮屋（看似房屋的紙盒裝）包裝型態來說，雖然保存上限定冷藏，運輸成本較高，但是口感與風味也更加理想，因此也有很多知名餐飲及手搖茶品牌都與超商、製造商合作推出聯名商品，夏天更是銷售旺季。最極端的就是不少通路商在天冷時推出加熱的包裝飲料，雖然保存期限受限，但是熱呼呼的感覺暖身又暖心，更有品牌持續研發專門適合加熱的包裝飲料。

從便利性來說，包裝飲料有相當的優勢，舉凡從傳統的街邊雜貨店及檳榔攤、超商、超市到量販店，只要有適當的存放條件，多種零售通路皆能販售。但是也因此通路品牌與包裝飲料製造商

品牌，形成了競合關係。以外商可口可樂集團來說，擁有龐大的品牌優勢及知名度，加上產品線眾多，因此基本上各家通路都可以看到，但是部分品牌則因受限於進貨能力與銷售成績，所以只會在特定合作通路上出現，而通路推出自有品牌也成了另一種貨架上的「內卷」。

◾ 需求的改變

　　有些品類的消費者還得透過包裝飲料的購買，才能更容易地享用，並且因品牌的偏好度與知名度，使消費者覺得自己不只是在喝飲料，還有種與異國文化連結的感受。運動後來瓶解渴的寶礦力、餐後幫助消化的可爾必思、帶有幸福感的午後紅茶，以及療癒內心的可口可樂，這些國際品牌更多的是滿足消費者的情感層面，也同時達到包裝飲料的基本目的。

　　不過由於消費者的健康意識抬頭，以及法規對於含糖飲料的部分限制，像是中小學的福利社就有很多產品無法進入，另外環保意識也持續一定程度的影響，所以不論是寶特瓶、玻璃瓶、鐵罐、紙盒或鋁箔包，仍需要妥善回收才能降低對環境的衝擊。

　　另外，除了林立的咖啡店及手搖飲店之外，萬能的超商甚至提供二十四小時的提煮咖啡及現沖茶服務，這些都在慢慢改變消費者的使用習慣。或許在未來的新餐飲時代，包裝飲料能在製程及環保上都有更多的進步，國內品牌也能在消費者心中取得更強的偏好度，並透過國際貿易使品牌及商品都能為台灣爭光，這可能是台灣包裝飲料未來的新機會。

地　酒

台灣地酒與酒莊的機會點

自從我國加入WTO世界貿易組織（world trade organization）之後，酒品開放進口導致原有國內市場面臨考驗，可作為釀酒原料的農作物，也因為政府不再保證收購，面臨須轉型去化的問題。因此在2002年時，政府施行了「菸酒管理法」與「菸酒稅法」，並有條件的開放民間釀酒，同時輔導並提升民間團體的製酒技術，希望能讓原有的農作物擁有持續利用的經濟效益，也為「台灣地酒」塑造了理想的成長發展條件。

以行政院農業委員會2002年所頒布的「農村酒莊輔導作業要點」定義：＃農村酒莊是指利用地區農產原料，釀造具特色之酒品，並結合地方文化特色及觀光休閒產業，營造具自然環境及

農村景觀之釀酒莊園。之後又爲了因應 921 震災重建，針對受災嚴重且具備合適條件的農會，輔導設置酒莊來作爲地區性發展的特色品牌，也更加提升了台灣地酒的競爭力。

以我自己印象深刻的包括藏酒酒莊、霧峰區農會酒莊、埔里鎮農會酒莊及信義鄉農會酒莊，都有獲得 2021 年農村酒莊評鑑的特優級。

以農委會的統計資料來看，台灣地酒中的農業組織，主要產製的是水果釀造酒類、啤酒及穀類釀造酒類，其他非股份有限公司則是啤酒及水果釀造酒類，可見具備原料優勢的農會、農村酒莊，在產品的開發上有很明確的機會點，尤其是對比近年台灣消費者對在地酒品的喜好度提升，都讓酒莊的經濟效益持續升高，更重要的是，在疫情的影響下，更多人願意前往台灣各地不同的戶外酒莊體驗旅遊，也幫助了酒莊品牌的整體營收增加。

◣ 市場競爭激烈與轉型時機

但就在國內消費者逐漸認同台灣在地酒莊的產品及服務時，根據財政部國庫署的統計資料顯示，整體國內的酒品市場卻仍持續往進口需求邁進，從民國 91 年的國產 72%：進口 23%，到 111 年 5 月底的國產 51.5%：進口 48.5%，可見國人對於進口酒品的偏好及需求，甚至有可能在不久的將來超過國內酒品。

這時身爲台灣地酒代表的酒莊，如何在品牌再造及觀光體驗上，能夠更進步升級，或許就是未來幫助國內酒類產業轉型提升的關鍵之一。

要進行品牌再造之前，就要先釐清品牌再造的層次及面向。在《獲利的金鑰：品牌再造與創新》一書中，我提出，若是要運用「品牌再造十字架」來幫助品牌轉型，必須先釐清品牌再造時的核心問題，若是組織品牌出現問題，就必須從品牌理念、品牌文化，甚至是品牌形象、品牌識別元素來著手，而要讓品牌更具備競爭力，這時必須解決的還有營運模式、組織結構，甚至是人員及財務的調整。

　　產品及服務的品牌再造也是一樣，若是產品品質不佳，改善研發或配方則是產品本身的再造，服務的方式或流程有問題，重新調整人員訓練、動線及空間安排，就是服務本身的再造。以台中霧峰農會酒莊來說，除了在組織面本身進行一定程度的改革外，品牌定位更是切入「台灣本地清酒」這個分眾市場，運用霧峰香米、米麴、荔枝、蜂蜜等在地特色物產為原料，達到市場區隔的明確形象。

　　產品面也引進了日本的釀酒技術，甚至參與國內外之酒類評鑑，酒莊本身也有獲獎，將霧峰的文化特色高度連結，推出和霧峰林家花園聯名的紀念酒。

　　有些市場的競爭與變化相當激烈，此時品牌也必須同時對消費者與社會溝通，順利的話，經過完整的品牌整合行銷溝通及接觸點經營，能在設定好的品牌定位位置佔有一席之地。

　　另外一個品牌再造的轉型案例，則是宜蘭頭城的藏酒酒莊，從導入綠建築概念所營造的生態型酒莊，以及結合生態探索池和山林間的兒童遊戲區，都讓消費者更能在品嘗酒類產品之外，對於品牌的經營理念有所認知。另外觀光體驗中的酒窖巡禮及 DIY 活動，也都能讓非飲酒族群的消費者能有參與品牌互動的機會。

數位溝通與實際體驗並進而行

對品牌來說，新產品及新服務品牌的推出、內部的成本調整甚至選擇不同的國際市場發展都是策略之一。對產品及服務來說，更新品牌識別元素、品牌重定位以及重塑品牌形象則是常見的品牌再造方式。當品牌再造後，如何運用行銷傳播來讓消費者有更多的認知改變就是最後一哩路。

台灣地酒有不少品牌已經熟悉應用公關操作、社群媒體來與消費者溝通，但是許多農村及農會酒莊，可能是缺乏足夠資源，但也有的是不知道如何運用媒體，去傳達自己的品牌形象和體驗價值。

當企業品牌進行再造時，最後對外可被看見的外顯形象，以及內在的中心思想，都會透過接觸點讓消費者知道。行銷傳播的工具其實目的就是溝通，只是在過程中有時必須採用不同的方式才能達到目的，有時則必須考慮影響更多的對象才能產生效益。

在「元行銷」的環境中，就像我們知道體驗活動主要的功能是提升品牌與消費者接觸的機會，但是在消費者心中，光只有體驗活動卻不一定有用，這時加入品牌故事及食農教育，或是虛實整合，透過社群的內容產生曝光，再誘發消費者到店內排隊搶購……此時行銷人必須更加明白，消費者在接觸這些行銷工具時，究竟是用什麼方式來理解，以及會產生什麼樣的反應。

◣ 元行銷的時代

當品牌與消費者溝通的結果是要引導消費實際產生的產品購買意願，或到實體店面消費時，傳統的行銷工具加上創意的應用，就能達到一定的效果；當我們自己就是酒莊的經營者及行銷人員時，先熱愛自己的產品服務，並認知未來與食農教育的連結，才能真正讓消費者產生品牌認同，畢竟在酒的領域，許多真正的專家其實是消費者本身，而不一定是業者。

對於國內的酒莊品牌來說，要在進口酒的衝擊與消費者對國內品牌認知不足的情況下，透過品牌再造找出自己的路，同時運用在地化優勢及實體體驗的氛圍營造，才能吸引到更多的消費族群，甚至是疫情後開放的國際觀光客商機。

將品牌發展出的具體方向，運用策略及創意來規劃出大方向，達到品牌與消費者連結，再將每一項行銷工具的內容給具體擬定出來，採用多元靈活型整合行銷專案的模式，就算是資源有限也可以達成階段性任務，卻又不會造成散槍打鳥的問題。

從「元行銷」的角度來說，以消費者為核心設計行銷工具，並規劃整合行銷傳播策略，才能對品牌更有幫助。

◣ 嘗新的商機

自從國內開放釀酒與販售禁令後，台灣地酒的表現就突飛猛進，不論是在國際得獎，還是越來越多人想到農村酒莊體驗，尤其是疫後，更是使戶外活動與露營風潮成為持續成長的新商機。

但是當我們開始考慮前往哪些農村酒莊時，除了思考產品本身，以及酒莊品牌的知名度和整體旅遊包套行程外，還一個關鍵，那就是——究竟實際可以獲得的體驗內容是什麼。

行政院農委會於 2002 年因應菸酒管理新制擬訂了「農村休閒酒莊輔導作業要點」，提供輔導農村休閒酒莊之依據，定義了「農村休閒酒莊：指利用地區農產原料，釀製具特色的酒品，並結合地方觀光休閒產業及文化特色，營造具自然環境與農村景觀之釀酒莊園」。不但有高度的地方創生特色，更是富含環境與食農教育的意義。

根據菸酒管理法施行細則，目前台灣的釀酒業分為啤酒類、水果釀造酒類、穀類釀造酒類、其他釀造酒類、蒸餾酒類、再製酒類、料理酒類、酒精類、其他酒類等。身為酒莊的品牌此時必須思考，消費者在旅遊的過程中究竟期待擁有哪些收穫，以及如何滿足各類消費者的不同期待。

很多時候我們會拿觀光酒廠來跟農村酒莊做比較，因為在不少消費者的想像中，製釀酒類的過程中需要一個獨特的地窖工廠之類的環境，外部條件甚至包括像歐洲一樣的莊園城堡。但實際上國內的農村酒莊多半不可能花費高額的成本在建築外觀上，業者的優勢可以著重在強調農作物原料的天然種植環境，並增進遊客與大自然的親密接觸。

◧ 現有品牌的指標性

　　我自己曾造訪過好幾家農村酒莊，以 2022 年公布的農村酒莊等級名單中，包含藏酒酒莊、霧峰區農會酒莊、信義鄉農會酒莊、埔里鎮農會酒莊、大湖地區農會酒莊、公館鄉農會酒莊、樹生休閒酒莊、松鶴農產品酒莊、大安區農會酒莊、玉山酒莊及酒堡庄；其中讓人印象深刻的像是環境優美的葡萄園、專業的品酒分享會、讓人一眼就瞧見的大型裝置藝術，以及令人好奇的釀酒流程與文史背景等。

　　也因為如此，究竟是什麼樣的消費者會對農村酒莊有興趣，而且有意願付錢上門體驗，這點大大的影響了體驗的內容元素與遊程設計。畢竟來到酒莊不喝酒純旅遊的人口，還是占整體遊客中的少數；所以，不論是對農村酒莊的莊園景觀好奇的遊客、有興趣參與節慶主題活動，以及接受整體的遊程內容的族群，最重要的還是——如何規劃設計出理想的「邊喝邊玩」行程。以現行的農村酒莊休憩體驗內容中，大致包含農產原料種植的參觀及採收體驗、釀酒製程的導覽解說、製酒器具展示與介紹、參觀酒窖倉庫、現場品酒及餐酒搭配，以及伴手禮的選購等。

　　對於本身就很會喝的酒客型消費者來說，直接下手買一隻好酒喝可能比認識酒的前世今生來得更容易達成，但是對將酒當作特定目的品飲的人而言，就會希望在體驗及遊憩過程中，好酒能夠搭配適當的美食佳餚，佐以整體氛圍的布置，加上特定內容的活動設計，才叫完美。這也就是為什麼有越來越多的人，會想要邊露營邊用餐，接著再小酌一下。

但是仍然有許多人儘管理解農村酒莊的體驗行程，但卻對為什麼要選擇台灣的酒品品牌做為消費標的，仍然感到猶豫，因而裹足不前的原因所在。

必須思考交通問題

從現實層面來說，第一項重要關鍵必然是為消費者解決交通問題。

「喝酒不開車」可以說是絕對的鐵律，因此，當農村酒莊的業者們在規劃遊程內容的同時，不能只單純考慮自己品牌，而是必須將消費者從所在地出發，以及到達目的地來回的交通問題，都一併納入整體的行程規劃。並且從品牌延伸的角度出發，讓消費者在遊覽車上就開始接觸認識品牌相關的體驗元素，這也更能強化消費者對品牌的期待感。

另外，仍有許多人會搭像是高鐵、火車再轉公車及捷運等方式前往農村酒莊，輾轉到達目的地時，來客舟車勞頓的疲憊也是業者必須考量的；也因此，只要消費者有足夠的時間，至少為顧客設計兩天一夜的行程，讓消費者能夠在放鬆舒適的環境中，先休息片刻，或許可以安排午後或晚間，讓顧客能好好的享受酒莊的餐酒，並認識品牌的故事。

也因為目前台灣較為知名的農村酒莊多半集中在中部地區，這時當品牌希望吸引北部及南部的消費者前往的同時，除了必須了解目標客群的社經背景及旅遊目的外，更要針對符合消費者生活水平及品味的條件來判斷自身的品牌定位。

尤其在越來越多人對於食農教育及社會責任益發重視的情況下，面對採取開車或騎車自駕前來的遊客，酒莊必須確保消費者在飲酒之後能有充分的休息時間，避免酒駕上路，業者甚至應自行準備酒測儀器，確保顧客酒退了再駕車，不然就算消費者是離開酒莊之後才發生事故，對品牌甚至是整個釀酒產業都會帶來負面影響。

▰ 發揮優勢改善劣勢

第二個關鍵就是接受自己的優劣點，農村酒莊受限於資源與法規，所以在相關的硬體建築與空間條件上，與國外酒莊難以比擬，也不一定能超越觀光酒廠，但是在釀酒的導覽體驗及外部的農業元素的連結上，甚至能與在地農村旅遊結合，這些都能強化消費者對酒莊之特殊性及社會意義的認知，但同時也必須仔細判斷，哪些元素是消費者拜訪農村酒莊最基本必須達到的標準。

從事休閒農業旅遊的消費者，對各場域的特殊性及水準高低並不見得都有清楚了解，但是酒類產品的消費對象，尤其是具備一定品飲習慣及知識的消費者，不但對國內外品牌有相當認識，即便是未曾直接到過生產地，也會在一些品酒會及品牌活動中，接觸認識到像是威士忌、清酒及葡萄酒等知名國家的釀酒工廠、原料農產地等資訊，所以當拿國外的釀酒產業對比到台灣的農村酒莊時，我們應如何發揮自身的優勢，同時持續改善提升劣勢，則攸關了消費者回頭再次光顧與否的機會。

以過去我自己跟其他消費者對農村酒莊的遊憩體驗中，感受到以下幾點應該是可以加以改善的地方，像是「參觀並參與製酒過程」、「環境整潔度及廁所條件」、「具備夠水準的餐酒介紹與體驗」，以及「伴手禮的購買滿足性」。

　　很直接的問題在於，當酒莊接待的消費客群如果只是一些鄰里的親友團，或是大學生參訪的校外活動，即便相關條件未達標，也不盡然會直接影響消費者滿意度；但如果接待的是對品酒具備一定知識水平及經濟條件的消費族群，就很容易因為不符期待而產生負面口碑，導致其他消費者上門的意願降低。

◗ 從整體面向思考

　　台灣地酒的蓬勃發展，一來帶動了相關產品的銷售佳績，二來也證明了國內釀酒技術水平，使得國內消費者對台灣地酒的接受度持續提升。但是從農村酒莊的經營層面來說，除了營利，還包含了地方創生、食農教育等社會意義；但即便如此，對於一群本來只會喝進口威士忌、清酒或是葡萄酒的消費者而言，如何說服這樣的消費者前往台灣農村酒莊休憩體驗，除了品牌自身的條件之外，從交通到住宿、品牌說故事的能力到產品本質，都比一般的休閒農業及觀光酒廠更具挑戰。

　　透過節慶行銷的結合，與農業生產周期的議題導入，確實能吸引到一部分嘗鮮體驗的新客群，但是一旦當特定的支持者出現，不論是為了參加紅酒馬拉松而早早就報名參與，還是願意多

花三萬多元同時搭乘鳴日號鐵路環島觀光列車並住宿五星級飯店，這也同時證明了能將行程中的農村酒莊，做爲旅遊中夠水準的一環時，這樣的經營模式是相當有商機的。從參觀農作物的生長環境、釀製酒品的過逞、品嚐酒水本身以及其他各式體驗，最終認識品牌的理念與產酒區域的在地故事。

這樣的旅遊行程需要農村酒莊業者、旅遊業者、交通與住宿合作業者、甚至是伴手禮廠商的共同加入，最後透過政府的借力使力，才能讓產業自主成長。畢竟就像許多人想出國到國際上具有特色的農村酒莊一樣，若是能讓更多的國際觀光客認同台灣地酒，同時願意前往這些農村酒莊觀光旅遊時，也是使台灣走入國際，形象更加提升的一大里程碑。

chapter 7

健康的新時代：
食農教育、休閒農業、健康議題

1. 《食農教育》
....

2. 《休閒農業》
....

3. 《健康議題》
....

食 農 教 育

◥ 趨勢的推動

　　國內近年來因為食安問題、出口農產品不穩定性提升，以及飲食文化在地化等影響因素，也直接催生《食農教育法》正式通過。然而雖然也有越來越多的學校、非營利組織、地方政府及企業開始關注這個議題，但對於食農教育的方向和自身組織的連接仍相對不甚了解。從消費者端來說，食農教育應該是一種全民議題，但是如何透過中間的傳播管道，來更清楚瞭解食農教育的面貌，就是一大挑戰。

　　在我們小的時候，常常聽到長輩說要吃「原型食物」，而在華文化的飲食中，跟著24節氣對應季節氣候的變化，來選擇當季和在地的食物，更是許多人的養生之道。立法院經由三讀通過，

讓大家其實早已而耳熟能詳的食農教育，有了正式的法源依據和預算，其中包含「支持認同在地農業、培養均衡飲食觀念、珍惜食物減少浪費、傳承與創新飲食文化、深化飲食連結農業、地產地消永續農業」等六大核心目標。

其實過去在國內的農業行銷與餐飲文化的溝通上，一直有不少生產者及品牌經營者，想要投入食農教育的支持行列，但是卻不知該如何著手能創造出經濟效益價值，若沒有足夠的資源投入，要單靠農民個人或非營利組織推動，是相當辛苦的事。

在整體食農教育的環節中，不光是農民自己應該清楚什麼是對其農、畜、漁、牧等產品真正好的生產過程方式，對於整體國民來說，對於自己國內的農業生產、加工、友善生產育養及畜牧等動物福利，若是能認識得更清楚，也就更願意支持在地的農產品。

▪ 關鍵在教育本身

尤其食農教育的關鍵在「教育」，不但需投入足夠的合適空間場域來做體驗，更需要消費者願意主動參與，就像疫情期間，大家希望能到戶外從事休閒活動，而讓有特色的休閒農場突然爆紅。但若只是停留在當下的休憩娛樂，等大家回到了家中，仍未能延續對休農農場的記憶點，也沒有體會當中的食農教育及對日常生活飲食習慣加入食農元素重要性的認知，其實是相當可惜的事情。

特別在我們受疫情影響之後，消費者更願意選擇在家做菜時，對於自己購買的食材能否吃得安心、是否在地生產且符合當令季節，或是生產的過程是否對環境友善，都能較以往更為在意，為了是除了希望自己和家人不但吃得健康，也能讓這片土地更好。

事實上，已經有越來越多的城市鄉鎮、中小學校、非營利組織及農民開始投入食農教育的推動，針對減少食物浪費及剩食，並認識在地農業場域及產品，而當許多原本就是從事食品相關的餐飲服務業，及希望能返鄉投身農業的青年，也持續運用創新的思維，從體驗的內容與設計出發，讓不論是遊客、學生能了解農產品的生長過程外，也教導食物烹調的過程，以及其背後的文化意涵。

◣ 認知的改變

就像從稻米收割到端上餐桌，或是認識在地的咖啡特色到自己學習沖泡，甚至是跟著原住民族的朋友一起上山採集食材後，再一起參與慶典與饗宴，都能夠讓年輕一代進入食農教育的正面影響環境中。

在「元行銷」的時代，當消費者、行銷者及創新思維開始產生連結之後，就會有更多人願意投入永續農業的行列，我們也更願意付出對應的代價，來購買食材，甚至是體驗的旅遊行程，這時才能彰顯出食農教育更高的經濟及社會價值。

因此我從「生產者」及「消費者」歸納出六個重要的認知關鍵問題。

生產者

認：清楚認知自己的從事的農業行為是否具備足夠正確知識

生：生產過程是否可被大眾公開檢視及符合永續經營

售：在銷售時是否能滿足市場需求而非過剩導致資源的浪費

消費者

買：對於自己購買的相關食材是否有足夠的認識

食：餐飲的製作和食用是否了解背後的文化意義

信：對於生產者及相關提供服務的品牌是否有足夠的信任感

然而我認為更重要的是，能夠透過食農教育的養成，找回許多各族群的獨特餐飲文化，不論是外省、閩南、客家、原住民及新住民，餐飲製作和料理過程，常常需要從目的、食材選擇、產出流程到用餐儀式，很多時候我們對文化的記憶不容易保留或描述，卻可能在看到一道兒時懷念的料理時，瞬間想起了背後的意義。

就像有的人吃過外省長輩做的酸菜白肉鍋，那可能是代表早期農曆新年一家團聚的回憶，經由食農教育的轉化，運用台灣在地的食材和與符合時代的製作方式，不但可以重現美味，更能讓飲食文化得以傳承保留。

對於國人來說，食農教育對未來產生的另一個重要影響的，則是觀光旅遊的在地深化。除了戶外景點之外，不同的鄉村城市、甚至原住民族部落、客家庄，其實都有特色的飲食習慣方式，

同時也因爲成爲了外地人的觀光景點，蘊藏在像是祭典活動、老街商圈裡值得被推薦分享的特色飲食都能被保存下來。也因此透過食農教育的推廣影響，期盼各個農漁村、社區鄉鎮能重新尋找更屬於自己的飲食文化與在地特色，並經由觀光旅遊所帶來經濟效益，促進地方的發展和生活品質的提升。

▪ 溝通對象的差異化

以《食農教育法》第 2 條中，明定中央的主管機關爲行政院農業委員會，第 7 條說明涉及中央各目的事業主管機關職掌者，其權責劃分如下：衛生及社會福利主管機關、教育主管機關、環境主管機關、文化主管機關、原住民族主管機關、科技研究事務主管機關及其他。中央主管機關爲推動食農教育整體政策、方案、分工及預算，應會商中央目的事業主管機關辦理。

也因此，想使全民更加具備食農教育的意識，除了必須先擬定方向一致的政策，還得由各部會依照不同的目標及需求，分別規劃各自需要去溝通的內容，以改變溝通對象的認知。這時從整合行銷傳播的面向來說，就必須分爲組織對組織的溝通，以及組織對消費者的溝通兩個面向。而溝通的對象，則是以第 3 條第六項的食農教育體系爲主，組織包含學校、社區、各類團體及政府各級機關（單位）等，消費者則是個人、家庭及社會。

觀察現行各地方縣市政府對於食農教育的推動，不少縣市都有獨具創意的表現，像是彰化縣的「食農教育體驗嘉年華」、臺東縣的「臺東慢食節」。以「2022 食育力五星城市」中，榮獲

五星城市的包含花蓮縣、嘉義縣、嘉義市、台東縣、高雄市及宜蘭縣，但我們卻能發現，仍有許多縣市對推動食農教育的理解及在地特色發展的接軌上，有相當程度的差異。

其實也有不少非營利組織本身在品牌的發展過程中就具備相當不錯的故事行銷能力，但是若能從食農政策的推動與行銷方案的設計角度，幫助更多的組織將原本好的理念，透過行銷傳播及提昇各單位說故事的能力，來達到幫助食農教育更能落地實施、更有效益，則皆大歡喜。

畢竟許多社區發展協會、公益組織是直接面對末端的農業生產者會員及在地居民。當我們要將第三條第一項中的飲食文化，讓各地區各族群對飲食方面之技術、習慣、禮儀及儀式活動，包括食材之選擇、獲得、調理、處理、保存及食物取用方式等，都有更深刻的理解與認同時，就要先提升組織的溝通能力，才能達到官方與民間團體相輔相成的傳播成效。

■ 對於老師們的影響

當我們細分溝通的目標對象時就可以發現，不少溝通方式必須因應目標對象而調整，例如當政策要落實到學校時，大學老師與幼兒園老師對訊息接收所可能產生的反應就不會相同，這時就算都是用廣告微電影來溝通，也要考慮大學老師的生活形態與教學對象，與幼教老師的區別，進而決定這次所拍攝的內容，究竟是給誰看。

以「十二年國民基本教育課程綱要」來說，國民中學教育階段包含家政、童軍和輔導三個科目，家政的學習內容包括了「飲食」主題，如：飲食行為與綠色生活、食物資源的管理與運用、食品安全；而普通型高級中等學校教育階段包含生命教育、生涯規劃和家政三個科目，「飲食」主題，如：飲食與生活型態、膳食計畫與製作；另外在學分之加深加廣選修課程，分別為「思考：智慧的啟航」、「未來想像與生涯進路」、「創新生活與家庭」，創新生活與家庭包括了「飲食」主題，如：現代農耕綠食尚、美味關係在我家。

因此在以國民中小學的教育系統來說，鄉村與城市的老師對於教育上的考量，以及所在區域的可運用資源不同，這時從行銷傳播的面向來說，就算是設計出相當不錯的體驗行銷方案，但考量老師們體驗完後，能否實際應用在教育環境中，可能更為重要。

就像食農教育很多時候會鼓勵單位設計桌遊來輔助教學，就算老師們能夠理解並願意使用，但當面對孩子的城鄉及文化差異時，就必須讓體驗行銷的方案進一步思考，並達到末端學習的場域。

與幼兒園的目標對象溝通時，幼兒園的體系及教育型態，也會對食農教育的引入有一定的認知需求差距。像是強調自然教育的華德福教育體系，本身對食農教育就有相當的理解和認知，但幼兒園主要包含公立幼兒園（公幼）、非營利幼兒園、準公共幼兒園，與私立幼兒園（私幼）等四大類，若是要思考設計傳播工具時，必須更了解不同系統的園長及教師，對於食農教育元素的

加入需要產生的改變是什麼，並且教育者本身，傳播的對象更可能必須從另外一個方向來設計，針對有嬰幼兒的家長來溝通，進而使政策的推動可以同時影響到兩個不同的群體，最終產生接受認同食農教育的共識。

推動食農教育的過程中，也可能發生老師對食農教育課程的不認同，或是在課程設計上面對農業專業問題時，感到困惑不安進而導致排斥；同時並非所有老師都喜歡接觸大自然，因此在行銷傳播的溝通上，關鍵在於第一層如何說服老師接受相關議題。對大學老師來說，能在理解認同後因此提升大學生的就業能力，或是高中老師願意將食農教育的議題，作為協助學生申請大學時的材料，這些都不僅只是架設課程網站，或是只透過標案就能解決，必須回歸不論是具有說服力的廣告微電影，還是大眾媒體的公關議題來影響。

◾ 家長在意的層面

家長本身往往並不了解什麼是食農教育，但是當家長明白孩子在學校曾接受相關的體驗活動時，多半願意贊成並表示肯定，只是並不清楚食農教育的具體差異，甚至有家長基於自身的生活經驗與休閒偏好，早已引領孩子進入食農教育的學習，像是到客庄及原住民餐廳用餐，並認識相關飲食文化內涵，或是當野外露營時，透過導遊及自身經驗，指出可食用的動植物名稱與特色，甚至是引領孩子認識對應的節氣時節。

行銷傳播的溝通過程中，不同學習階段的父母及家人，也必須對食農教育的重要性有所認知，因爲許多體驗課程不能只是在學校，當落實到農村體驗、休閒農場的觀光休閒習慣養成，以及日常餐飲的餐桌教育時、家長的身分都更具影響力。這時行銷人所運用的傳播工具，若是以家長 30 ～ 40 歲的年齡區間來看，廣泛的訊息接收則必須建構公關議題並仰賴社群媒體的擴散效益。

許多家長會從傳播訊息中判斷訊息的內容和接受改變的原因，例如看到社群議題上討論關於食農的內容時，強化「安心」、「健康」、「成長」及「期望」等關鍵字往往能吸引目光；若是政策的推動者能有計畫的運用感性的微電影結合故事行銷，就有機會提升家長對議題的認同與關注。同樣的，當政策有一定的預算，節慶行銷的舉辦和事件行銷的體驗效果，就更有機會達到與消費者溝通的整體綜效。

■ 餐飲業者的溝通

再回頭來看《食農教育法》第三條第一項中，餐飲製備知能及實踐、剩食處理，增進飲食、環境與農業連結這幾部分，要達到全民共識，餐飲業的從業者也成爲了重要的行銷溝通對象；但運用什麼傳播方式，才能改變餐飲業者的認知，同樣必須去區分餐飲業當中的類別與型態，以及過去與食農教育的理念有所矛盾衝突的原因，才能夠透過整合行銷的方式，達到有效的溝通。

就過去我曾接觸餐飲相關科系教師的經驗，老師多半重視培養學生主要基礎知識與輔導證照取得，尤其是料理技能的提

升，食農教育則較少做爲課程的重點。但國際知名主廚江振誠運用二十四節氣的概念來設計料理的成功，其實就是食農教育的絕佳案例。如何讓越來越多的廚師從教育到廚房都對食農議題產生關注，以行銷傳播工具的應用來說，就必須更務實的達到觀念的改變，以及實際利益的結合，這時會展行銷的應用可能就較爲適合。

政策溝通回歸自身認知

而當我們要從中央來推動食農教育的全民觀念時，勢必應用更全面的行銷傳播策略來溝通，《元行銷》一書中將整合行銷傳播工具，分爲超過二十種。在近年來因疫情影響及數位時代的來臨下，當中作爲整體性的政策溝通時，廣告微電影、故事行銷、公關議題、體驗活動及展覽會議及社群行銷，則是較爲常見應用在政策溝通時的內容呈現方式。

並不是架立了教材的使用網站，或是舉辦一堆徵求教案、桌遊的計畫和比賽，就能使老師對食農教育有所認同，關鍵在於用不同的方式和訊息設計，分衆說服不同的教育工作者。

若新聞的曝光僅止於記者會的布達，是無法引起公衆注意的，有創意的議題運用和媒體專案，甚至是虛實整合的規劃，才能眞正地達到與目標對象溝通的效果。甚至是當如果要運用節慶行銷和故事行銷時，能眞正的先去理解溝通對象感興趣的內容，避免空有型式但沒有策略的去觸及溝通目標，這些都是食農教育在進行整合行銷傳播時，應該要重新思考的關鍵。

對食農教育的政策推動來說，擁有行銷資源的單位雖然常常以標案的型式來達到專案執行的目的，但是不論從擬定政策還是宣傳溝通計畫，從「元行銷」的關鍵思維而言，自己想不想相信與認同更是重要。

當資源的擁有者在設計廣告或運用公關議題時，若是連自己本身都不認同，也不了解這些行銷傳播工具，或對分眾溝通的觀念感到排斥，只是想透過委託的標案單位完成任務來交差，那只是錯失了本來可以好好達成與目標對象溝通的機會啊！

休閒農業

■ 市場快速成長

　　雖然疫情也對國內旅遊有相當程度的衝擊，尤其像是休閒農場這樣的特定場域，但是在去年較早放寬防疫限制的情況下，以觀光局 111 年 7 月的統計資料觀察，像是初鹿牧場、綠世界生態農場、飛牛牧場及走馬瀨農場，營收都成長了四倍到十倍以上，觀音蓮花園休閒農業區也有六成的成長率。據農委會的資料顯示，全國計共有 104 個休閒農業區，378 家取得許可登記證的休閒農場，在疫情衝擊下，110 年仍有超過 2,226 萬人次參與農業旅遊，原因包含了受惠於農遊券以及消費者基於防疫希望在空曠的地方活動有關，當然也有不少人是因為暫時無法出國，轉向選擇國內旅遊的結果。

根據行政院農業委員會公布 2018 年度的「全國休閒農場許可家數」，符合標準的有 339 家，另外全臺劃定 93 區休閒農業區。然而若是以 2019 年來看，共有超過 2760 萬體驗人次、108 億的商業產值，以現有符合標準的休息農場或園區，加上處在模糊地帶的未登錄業者，是勉強足夠提供服務的。但若市場在今年持續成長，甚至有更多的消費者願意參與休閒農業型態的旅行，那就必須在安全管理及業者品質提升上加把勁。

當國門大開之時，消費者是否仍然會鍾情於國旅甚至是休閒農旅，就成了業者的一大挑戰。我之前與旅行社業者在討論時發現，具有指標性的休閒農旅場域，不但品牌知名度高，同時也有相當程度的口碑推薦及肯定，也是作為旅遊行程設計時，較為安全且容易被消費者接受的地方。不少得獎的休閒農場，特定項目的表現其實也都不錯，例如臺南七股溪南休閒農業區的友善漁業餐飲及導覽、宜蘭員山枕頭山休閒農業區的套裝花果野食饗宴、苗栗三義雙潭休閒農業區的藍染及臉譜彩繪體驗，或是南投埔里桃米休閒農業區的桃米野餐等。

◾ 旅遊行程分眾思考

消費者休憩時間有限，必須在一定預算中做出選擇時，特定主題的品牌經營常有不錯的亮點，旅行社也願意將休閒農旅視為議題宣傳。在團客型態與自由行的行程上，用什麼樣的價格定位來包裝，都成了影響消費者買單與否的關鍵因素之一，搜尋國內幾個較大型的旅行社網站後，其實就可以發現，以休閒農場為主要行程的商品中，較為暢銷的還是集中在「物超所值」及「以

量取勝」，但想體驗更高質感的深度行程，還是必須結合當地其他五星級大飯店及知名的餐廳景點。

在體驗行程上，不少休閒農場的活動設計有希望達到帶領消費者認識當地農業特色及食農教育的層次，但細節部分仍有很大的進步空間；若只是自己動手摘果或是拔蔥、讓消費者接觸餵食園區內飼養的動物，或是讓消費者使用農產品做些簡單的DIY……持續缺乏新創意，無法吸引消費者繼續上門，甚至連拍照分享的慾望都沒有。至於伴手禮的部分，雖然不少休閒農場都有進步，但常常當我們有送禮需求，想選購一些特色商品時，產品的包裝設計與品牌知名度仍會是消費者考量斟酌的因素。

休閒農業旅遊的特殊性與獨特意義，能夠呈現出當地文化、自然環境及農業資源的再應用，對於食農教育的推動上，具有密不可分的關係。對於旅客來說，經由景觀地貌、休閒活動及使用農村元素的公共設施，來緩解日常的壓力、恢復身心靈平靜。

但隨著國人的生活品質提升，對於旅遊行程中的住宿、交通，甚至是整體的導遊服務都有更高的期望；尤其是在元行銷的時代，體驗元素的設計和品牌形象的建立，經營者都更需要與時俱進的去思考，如何創造出更有趣的做法與內容。

因此在後疫情時代國門大開之際，除了運用行銷傳播的方式外，想吸引國內外觀光客到休閒農場及農業區觀光，更需要加大力道提升自我，來符合消費者的期望；尤其當業者希望能迎來更多高收入水平的消費客群時，只有在旅遊過程中的每一個環節都有一定的理想表現，才不會使遊客失望，只感到明明參加的是精緻休閒農業旅遊團，但最後卻只記得高級飯店的房間及自助餐，甚至連伴手禮都還是休息站或免稅商店買的大眾化商品。

◣ 管理上的問題

　　台灣的觀光旅遊產業，擁有戶外開闊場地的包括像是露營等型態的觀光方式，至今仍吸引市場上的消費者保持一定的熱度與興趣。疫情之後室外的觀光產業重新出發勢在必行，但在機會來臨的同時，在管理和品質上的挑戰也會一一浮現。

　　在疫情爆發前，不少消費者就對休閒農業的農事體驗能透過親自採收及戶外料理的娛樂方式很有興趣。疫情期間雖然國內的觀光旅遊產業受到衝擊，但戶外開闊場地如露營型態的觀光方式，仍受到消費者一定程度的歡迎。

　　過去屬本土國內旅遊型態的休閒農業，可以說具有相當的機會，但在機會來臨的同時，在服務品質及管理上的挑戰也會逐漸浮現。休閒農場的價值，可說是保存了農業行為與特殊在地文化，對經歷了疫情的消費者來說，或許會認同戶外的旅遊方式較為安心，也希望能認識與自身健康相關的知識。因此除了傳統耕作農場外，畜牧或是漁業養殖都可能使消費者產生興趣。但消費者也會評估整體的旅遊行程，當中願意付出的時間精力及支出等最為重要考量。

　　另外，台灣休閒農業的規模，多半為小而美的經營型態，雖然大多能夠符合「觀賞」及「體驗」的基本需求，但仍以一日遊行程為主。兩天以上包含住宿或是可供露營條件的休閒農業場域就相對減少許多。而在場域的精緻度與豐富性上，也仍有不少改進空間。以我自己日前輔導的休閒農業業者調查指出，能讓前往的觀光客擁有高滿意度及回訪意願的仍屬少數。

在多元就業方案、農村再生條例等計畫的支持之下，雖然扶植了不少經營休閒農業的業者或非營利組織，但必須依靠政府資源才能生存的比例仍然不少。現在的地方創生計畫，雖然對休閒農業的品質與整體發展提升有所助益，但是在體驗活動創新不易、場域大小受限，以及只有極少數業者能整合其他在地資源一起成長的情況下，一般消費者很容易在幾次休閒農業旅行後，就失去了新鮮感與期待。

▪ 同質性太高

從我因為相關計劃接觸到的業者之中，對市場發展、競爭者分析跟行銷策略的規劃，相對的都不是這麼完整，只有少數業者具備農業、休閒觀光及品牌管理的能力。但以台灣的產業發展趨勢來看，越來越多經營主題相近的業者快速增加，不少市面上的體驗活動設計、餐飲內容，甚至連伴手禮，也開始出現相當程度的雷同。

過去因為大量觀光工廠通過評鑑，導致同質性的產業主題體驗過剩，造成不少消費者對拜訪觀光工廠興趣缺缺。同樣的，休閒農業的熱潮，或許短期能提升內需，幫助觀光產業帶來生機，但要做到長期吸引國際觀光客遠道來訪，就必須建立更有整體性的品牌特色與同業差異化區隔，進而串連在地城市一起發展規劃。從國外特別前往台灣的觀光客，若是能透過休閒農業認識更多不同面向的台灣品牌，也提升台灣國際好感度的絕佳機會。

用團體戰的方式，或許可以幫助觀光產業在國際上創造不同

的亮點，也能使台灣的在地農業，包含生產及銷售，有機會同時達到質與量的提升。參考日本的精緻農旅並借鏡對岸的規模經濟農旅之間，找到台灣的休閒農業能夠讓國際觀光客認識、國內消費者支持的新策略，才能邁向有別於過去倚靠陸客及傳統觀光消費模式的新機會。

疫情改變了我們許多的消費習慣，尤其是戶外空曠環境能使人安心，也幫助上班族紓壓，休閒農業的發展成了現在內需旅遊相當重要的一環。但是國內休閒農場爆發式成長，卻只有少數業者具備農業、休閒觀光以及品牌管理的能力，而許多主題、體驗設計、餐飲內容甚至伴手禮規劃，也出現雷同的現象，當面臨大量觀光客的需求時，如何持續生存並提供承載量，將是國內休閒農場的重大考驗。

◖ 法規的限制

雖然早先台灣存在相當多「先經營、後合法」的休閒農場，但這些年已經陸續納入政府合法的監管範圍。相對於一般城市觀光的旅遊型態來說，不少休閒農場或農業區的所在地較爲偏遠，因爲處在環境較爲自然原始的地方，所以當消費者要從都市開車或是搭乘大眾運輸工具到達時，距離常常成爲考量的重點，更重要的是，業者提供的服務是否包含能在當地過夜住宿或露營，也是消費者評估是否前往的重要因素。

現有休閒農場申請規範中，農業用地面積不得小於 1 公頃。但全場均坐落於休閒農業區內或離島地區者，不得小於 0.5 公

頃，業者須同時提出經營計畫書。若是消費者花很長的時間抵達後，因為能觀光體驗的範圍有限，體驗活動設計的主題及內容無法支撐至少一個整天到 2 天以上的行程，消費者前往的意願就會降低，或是在前往後因認知落差產生期待落空的失落感。

另外根據監察院 2017 年的調查發現，因為「非都市土地」容許使用的項目不包含露營場地的使用，更不能經營民宿，所以全台超過 1700 個露營場中，有高達 7 成在農牧用地及林業用地上者，其實是違反土地利用法規的。然而相當多的休閒農業發展區域正是高度重疊在這些地方。依《休閒農業輔導管理辦法》成立的休閒農場，雖然能合法設置露營設施，但相對能使用範圍相當有限，若是面臨大量觀光客上門，屆時需求恐將不敷使用。

過去因為有國際觀光客及陸客的旅遊紅利挹注，且台灣消費者也習慣多付一點費用就能出國旅遊，所以單點式的休閒農業體驗對現有的「休憩承載量」不是太大問題，但當國內消費者只能留在島內旅遊，卻一直看到服務雷同的觀光工廠、休閒農場或是農業區，與過去精緻的國外旅遊體驗認知產生明顯落差，內需的爆發式成長能維持多久成了值得思考的問題。

健 康 議 題

▪ 健康餐盒銷售的影響

在疫情爆發前，國內不論是對於健康養生需求、運動營養補充，還是減醣飲食的話題，不少「健康餐盒」品牌如雨後春筍般冒出來，但並未持續太久就面臨疫情的衝擊。但在許多消費者從開始不能內用的限制，到後來大量確診的不同階段，外帶外送模式幫助許多健康餐盒品牌找到了生存的新轉機。而其中很大程度是因爲消費者必須在家用餐，在心理期待透過料理安慰自己的同時，雖然較貴但精緻又健康的的餐盒，就成了選擇之一。

不過隨著疫情緩解，大多數人逐漸回歸正常生活，必須在家用餐的情況也逐漸減少，一般上班族也開始選擇方便及商務需求的用餐環境，必須購買健康餐盒的考量就不再這麼強烈。日前有

網紅因為開箱一份 200 元以上的健康餐盒，引發話題討論，重點就在於內容物和價格之間是否能讓消費者接受。其實不少健康餐盒的價格，甚至到 300～500 元，並且訴求高級食材，像是龍蝦、龍虎班、或是牛排，雖然也有 100 多元的產品，卻仍然較一般便當店的價位平均稍高了一些。

◤ 主要訴求

對於健康餐盒的業者來說，常見的主要訴求包含三項：原型食物、料理方式更健康、目的訴求。原型食物的觀念，其實主要在於減少使用加工品，料理方式則包含舒肥、水煮，降低油鹽及調味，目的訴求則像是減醣、健身及較為特殊的自我滿足，就像買個 300～500 元的餐盒，能夠彰顯一定程度的生活水準。

只是疫情期間，許多知名餐飲品牌，都有推出餐盒，將各種原本屬於內用的料理，變成方便消費者外帶外送的形式，就算如今疫情緩解，仍然有不少品牌持續供應餐盒的服務。

這些餐盒的價格與形式都有相當的水平，一樣能滿足消費者的自我滿足，同時雖然健康餐飲的需求仍然存在，但消費者也會思考自己在家料理可能較為省錢。因此對健康餐盒的業者來說，疫情影響下帶來的「消費者紅利」，也正在逐漸減少且優勢不再。雖然健康議題仍為消費者持續關注，但即便是一般餐飲業者也都開始對健康餐飲有了共識，更有不少以健康素食為賣點的餐廳出現，都導致整體市場被瓜分。

◥ 低門檻、高競爭

　　或許當我們的生活逐漸回歸正常，更多人在經歷了一段認眞維持健康的生活後，也想任性的放縱自己在飲食上隨心所欲，就像吃到飽餐廳的業績近期持續火熱，健康餐盒的經營者雖然仍有一定的支持客群。但是在高度競爭、入行門檻相對較低，以及消費者更重視品牌形象的情況下，如何強化品牌自身的競爭實力，也是在後疫情時代繼續存活的關鍵。

　　以往的年代大家因生活辛苦，所以每逢節慶就會透過大魚大肉來慰勞一下自己，但是現代人的生活普遍改善，日常飲食就已經很豐盛，因此就算過年期間要連吃好幾頓大餐，自己也會有所顧慮。況且營養過剩不但造成了健康問題，飲食的內容與餐點設計也有一定的關聯。對於現代人來說，吃得好不是問題，但吃得太好卻可能產生問題。

◥ 世界癌症日的警訊

　　因爲人口老化快速以及不健康的生活型態，癌症的發生人數近年來持續上升。根據衛生福利部 2017 年癌症登記報告指出，新發癌症人數爲 11 萬 1,684 人，較 2016 年增加 5,852 人，因此健康議題不再只是政府或消費者的事，更是一個重要的社會議題。尤其跟飲食習慣有關的癌症當中，台灣十大癌症人數排行榜第一名的就是大腸癌（男女總和）。據國際癌症研究機構（IARC）2016 年的報告中指出，肥胖是導致癌症的危險因子，且過重會比

健康者提高 1.8 倍的罹患肝癌機率。

　　2 月 4 日是「國際世界癌症日」，這是個由國際抗癌聯盟領導，呼應 2008 年撰寫的《世界癌症宣言》所發起的節日。世界癌症日的目標在於減少癌症引起的疾病和死亡，也提醒消費者注意身體健康。確實有越來越多的品牌，開始在健康議題上做出策略調整，與節日結合也是一種溝通理念的方式。

■ 健康的替代食物

　　國人因為收入逐年增加，疫情又讓人感到更多焦慮，而想靠飲食的方式紓壓，遇到華人過農曆年更是每天都有宴飲及家族聚餐的習慣。如何健康飲食這個議題，越來越成為影響消費者購買品牌時的一項重要因素。像是市面上許多燕麥奶、養生食品，或是營養師設計的健康餐點等，多半都是作為生活中的代餐使用。

　　而年菜及食品類禮盒，常常都是訴求美味為主，較少顧及到健康的議題。雖然對品牌來說，健康跟美味很難產生連結，但是當消費者的需求趨勢開始改變時，在口腹之慾及健康上得到平衡就更重要了。健康飲食的概念甚至也影響了許多品牌在跟消費者溝通時的方向，因此或許今年我們在這個農曆年的氛圍中，能透過「國際世界癌症日」的提醒，從年節的餐飲及習慣上做一些新的嘗試，讓自己能愉快的過節又能有更好的健康未來。

chapter 8

養生很重要：
中藥、保健食品、沖泡飲品

1. 《中藥》

2. 《保健食品》

3. 《沖泡飲品》

中 藥

■ 重生的中藥產業

　　曾經，有很長一段時間，國內的消費者對於中藥相關產品有著很高的認同度，但隨著時代的變遷，同時又面臨了幾次中藥的相關危機，也導致了一些年輕族群，不像長輩一樣這麼相信中藥的功效。「科學中藥」一直都是維繫消費者對中藥產品選擇時的基礎，因為包含順天堂、港香蘭、勝昌及莊松榮等傳統大廠，透過了現代化的設備製程，讓傳統藥房能達到一致性的功效，也在這次疫情下發揮中藥對疾病治療的顯著作用。

　　但是，在傳統的中藥房，水煎藥的販售才是展示自己專業的主要服務，再加上一般中藥房經營者並非中醫師，所以只能整罐銷售科學中藥，這時消費者就會開始考慮，要是想更精準針對疾

病治療，還是會直接找中醫看診，只有在需要中藥相關的保健需求時，才會到中藥房。其實中藥房也曾有過很輝煌的回憶，包含迪化街、三鳳中街以及一些老城區，都有相當賺錢的中藥房，但是隨著時代變遷，在經營思維和產品服務上，都有更多被取代之處，這也導致了中藥房正面臨必要與迫切的改變。

🖝 那些即將消失的中藥房，找到解藥了嗎？

曾經，在我小時候，每每經過中藥房門口，就可以聞到淡淡中藥煎煮香氣的回憶，以及櫥窗裡一罐罐黃色科學中藥的風景，不知從何時開始已逐漸淡去。2019 年 8 月，衛生福利部於 8 月底頒布，中藥房業者獨立開業，須符合實際從業 2 年與 162 小時課程的研習，後續經由中藥商全國聯合會委託義守大學辦理「中藥從業人員修習中藥課程培訓班」，協助現在的中藥房新一代經營來階段性解套。所以經由取得衛生局認證核發的「經營中藥事實證明書」，作為現有已存在傳統中藥房，合法經營的解套之道。只是若要獨立開業，仍須待修法通過後，經由國家考試，合法取得中藥販賣資格。

全台中藥房平均每年以 200 ～ 300 家的速度消失，曾經，全台有超過上萬家的中藥房，截至 2018 年統計，僅剩 7900 間左右。但根據衛生福利部統計處資料，直到 2018 年，臺灣共有中醫醫院 5 家、中醫診所約 4000 家，相較 2010 年的中醫師從業人數約成長了 3 成。但因為疫情的影響反而提升了消費者對於中醫藥的需求，主計總處國情統計至 110 年底為止，中醫診所也增加 271 家。

中藥業者面臨的困境，曾在 2018 年因為走上街頭而被重視，但真正問題關鍵的其中一部分來自於——藥事法第 103 條所訂定的傳統中藥業者的落日條款，另外一部分其實來自於國家政策和民眾購買習慣的改變。藥事法第 103 條所述：「1993 年 2 月 5 日前曾經中央衛生主管機關審核，予以列冊登記者，或領有經營中藥證明文件之中藥從業人員，並修習中藥課程達適當標準，得繼續經營中藥販賣業務。」

這樣的條款本來是為中藥房的未來發展解套，不然原有的經營者過世後，將造成中藥房不能繼續經營，其中的原因之一就是國家政策對於中醫藥的定位，始終視其為民間、不夠專業與正式的醫療方式。因此是否比照西醫藥舉辦中藥房的「國考」，也是國家政策必須思考的問題，而這也是讓中藥房這個行業，擺脫世襲傳承的關鍵之一。但多年來政府卻沒有設立相關考試，也導致越來越多傳統中藥房的接班人，不得不優先思考轉型的問題。

然而，就算藥事法解決了中藥房調劑權的問題，中藥房的存在與轉型才是真正重要的難題。過去我任職於中藥產業時，曾參與了中藥房現代化經營管理的計畫，也負責人才培育。

中藥製劑的管理基礎，都來自於藥品查驗登記審查準則，所公告的 200 個基準方或是固有典籍（《醫宗金鑑》、《醫方集解》、《本草綱目》、《木草綱目拾遺》、《本草備要》、《中國醫學大辭典》、《中國藥學大辭典》）為處方。不但不能隨意更換藥材的種類，甚至更換產地都可能造成藥材藥效產生差異。

也曾有中藥房因製作祖傳秘方，被判定為製作偽藥而吃上官司。這不但對中藥房在販售的品項上，有相當的限制，更對中藥房發展專利，及產品的獨特性有不少挑戰。

▪ 現代化的重要性

　　最初科學中藥的出現，就是為了統一中醫藥，在幫助消費者解決疾病問題時可能會產生的認知落差，與安全性的問題，傳統中醫藥產業的從業人員，也因為多半是師徒制，所以也比較會為了維護名聲，自我約束力高。但當台灣的消費者對中藥的認識越來越薄弱，雖然對中醫仍有一定信任，但卻也多半出於長輩經驗或口碑相傳，且之前也發生過包含中醫師、藥商都出問題的狀況，因此消費者對中藥的信心動搖也在所難免。

　　關於修法的爭議，是否中藥房只能販售未拆封的科學中藥或屬食品級的中藥材，市場上有不同觀點，因此現在的中藥房經營者是否能持續擁有丹膏丸散調配權，還是水煎藥零售的權利，至今也成了尚未確定的結果。甚至在前幾年曾經發生原本擁有「調劑權」的中醫師，卻不慎使用了有害成分來入藥治病，導致消費者身體受損。

　　過去的中藥房多半都相當在地化，所以附近老一輩的居民只要有一定的信任度，都會持續上門。但也因為不少中藥房的店面老舊、陳列擺設，甚至藥品存放都不像西藥房一般乾淨明亮，藥品的名稱也讓人相對感到陌生，因此慢慢的流失了新一代的消費者。

　　而大約從20年前開始的中藥房現代化，雖然也歷經了一段時間的緩步前進，但在當時只有少數的從業者真正接受了新的經營觀念，尤其是不少二代、三代的接班人，更是在看到西藥房、連鎖藥妝等通路的轉型時，選擇從元行銷的角度思考，如何在法規限制下還能找到品牌的未來。

◣ 中藥材「食品化」

中藥材必須大量依賴進口，除了因為製作的處方有材料的限制，另外一個原因就是大量開放作為一般食用，也就是食品化。據台灣經濟研究院統計，台灣1年進口多達3.3萬噸中藥，平均每人每年消耗1.43公斤。根據衛生福利部調查，近7成民眾經常性使用中藥材，以食藥署公告的「藥食兩用」中藥材就有數百種。

但其實近10年來包含大小茴香、枸杞子、肉豆蔻，甚至何首烏，這些被歸類為中藥材的香料品項，其實都已經逐步開放成為可食用的一般食材，包含之前的200餘種品項，一方面看似中藥材的市場越來越普及，事實上則是這些品項在各大賣場、市場、通路都可以販售，不但降低了銷售資格的門檻，更降低了消費者非得到中藥房購買的必要性。

其實中藥的使用早已普及化走入一般消費者的生活之中，更重要的其實是「醫食同源」的概念，因此若中藥房經營者能更深入走進消費者的日常需求，並且從知識的提供與消費場景連結，就有更多機會吸引消費者上門。

◖提升國人認同度

　　世界衛生大會（WHA）在 2019 年 5 月提案，將首度把「傳統醫學（traditional medicine）」納為新版「全球醫學綱要（ICD）」的一個章節，對於積極推動傳統醫學包含中醫藥的國家來說，傳統醫學的地位相對地提升許多，同時中藥的重要程度也再次被看到。

　　擁有悠久歷史並具備「上工治未病」特色的中醫藥產業，若是不能利用這個機會好好檢視整體的問題，在國家政策、整體法規以及消費者認同中找到新的發展方向和定位，並解決消費者認知落差的問題，那可能錯過機會的就不只是中醫藥從業人員，而是台灣發展特色傳統醫藥的未來了。

　　在整體的社會教育上，一般民眾對中醫藥的基本認識仍相當匱乏，甚至就算是用於食療的中藥材，或是傳統療法的拔罐、推拿等原理，都鮮少在社會教育中出現。國際間近年來把傳統醫學（traditional medicine）作為相對西醫的另一種療法，對於積極推動傳統醫學包含中醫藥的國家來說，傳統醫學的地位相對提升許多，同時中醫藥的重要程度也再次被看到。

　　在許多人染疫後，初期會選擇西藥作為主要的治療方法，但也有不少人願意選擇中藥，除了治療新冠肺炎的症狀外，包含了喉嚨痛、呼吸不順、甚至頭痛等其他症狀，就會想選擇中藥；期望能緩解不適又避免副作用，這時我們會發現，有些現代化的中藥房，因為本身資源雄厚，品牌意識也強，不論像是喉錠、枇杷

膏，甚至是一些養生保健的藥包、食品，都會更強調販售品牌出處，這點與早期中藥房只強調原料成分或主力銷售科學中藥有很明顯的變化。

在「元行銷」的思維中，消費者思維、行銷專業及創新能力，影響了經營者怎麼看待自己品牌的未來發展，而中藥產業從以往的產品導向，走向科學中藥的品牌認同花了相當漫長的時間，甚至還有不少建立了觀光工廠，讓消費能夠對科學中藥品牌有更多的認識。在第一線的中藥房，除了因疫情使業績大好之外，若是能藉此機會在現有的法規上，重新去發展更有記憶點的品牌形象，同時透過產品及服務的轉型，使消費者能更常光顧中藥房選擇生活保健產品，而不是等生病時才會到訪，並建立中藥房品牌的自有商品，這樣才能使中藥房品牌走得更有活力、更加長久。

保 健 食 品

◼ 是需要還是害怕

　　說真的，挑撥消費者心中的恐懼再販售需求滿足的把戲，其實本來到處都是，但要是認真來討論，到底「保健食品」這玩意，有沒有真正合適的定價，那可就不是件容易的事了。我親眼見證過不少保健食品的產品從出生到消停，在這我要認真說一句：「其實消費者花在刀口上的錢，有 95% 跟產品本身的有效成分無關啊！」多數的消費產品，因為市場機制成熟，所以相對產品本身的成本、公司毛利與淨利，還有其他的費用，一個產品的定價從產品成本的 2 倍到 10 倍、甚至 30 倍都有，有的薄利多銷、有的暴利橫財，至於究竟值不值，當中的玄機就見仁見智了。

說來保健食品在本質上，就是一場「造夢」的遊戲，人有病的時候就該去看醫生吃藥，乖乖吃飯、營養均衡，還有充分休息，身體本來就會復原，而保健食品只能做為輔助之用。原則上保健食品的成本分成三個部分：保健產品本身成本、管銷成本、傳播成本。因此儘管我們希望能用最少的價格買到更有效的保健產品，但是也必須明白，有些成本實際上是很難扣除的。

■ 保健產品本身成本

要是去討論一斤保健食品的原料有多少，可以做幾錠、幾粒，是沒有意義的。因為不少成分根本不可能未經稀釋或複合，就能給消費者直接使用。坦白說，要是依據食藥署的規定，很多營養成分的補充，一天的攝取量實際上可能只有「1 顆米粒」大小，甚至「1 顆芝麻」都不到！品牌原料和店家精選多半都只是話術，就看消費者的接受程度。

要是真的賣這樣的劑量，雖然不會超標，但消費者心理往往過不去，實際上也不符合保存與食用的規範，所以不論加上數倍的「賦形劑」使其定型成錠狀或粉狀，還是再加上「膠囊」，或是將多種元素組合後增加賣點，甚至為了顏色、保存和味道等等原因，加上許多不同的「添加物」。此時，一顆保健食品除了實際的有效成分，已經加上了一定比例的成本，這還不包含罐子、保護填充物、盒子、內襯、禮盒、提袋……等包裝設計物。

管銷成本

　　大家總不會期望這些保健食品會純粹用來「做公益」吧？所以從產品與功效的研發過程（或是專利授權費）、公司老闆、股東的利潤、各部門的人員薪資及各種開銷、製造生產單位（或代工）製造過程的成本、成品的儲存和運送費用、兇猛的各種通路上架費、甚至還有因為退貨、過期庫存等等的其他費用等都會加諸到產品的售價上。

　　直到此時，保健食品的價格成本大概從原來的有效原料成本，翻了5倍至15倍（甚至更多）左右，其中不透明的資訊就是最美的海市蜃樓。但是難道有人做生意從一開始就打算賠錢倒閉的嗎？所以在一定程度上來說，這就是商業的本質，但是否就允許老闆股東可以爽爽領高利潤開豪車、住豪宅？產品是通路上架方便購買，還是透過「一張嘴胡銳銳」的直銷藍鑽賣個夢想？這時對消費者來說，這些付出都只是在支持其他人的生計和獲利。

傳播成本

　　這一塊就是保健食品與重點商品較為不同的地方，半夜三點不睡覺寫文章累得要死，去哪家醫院都會說「多休息」！但有人喝2杯咖啡就覺得可以繼續奮鬥……有人看了「電視」廣告覺得買個保健食品來吃可以養身？然後從新聞得知這神奇的好玩意兒；加上FB上的廣告精準推播、某太太的業配影片又似是而非講得頭頭是道，最後原價9999的奇妙保健食品，促銷價只要999元還買一送一，一瓶提供消費者試用……但這一切就是在「造

勢」和「恐懼訴求」的多重攻勢下所塑造出來的故事結局，而說這整個故事的成本，自然就在你手中那顆保健食品中。

◼ 合理的獲利可以接受

所有的商業和工業行為有合理利潤是必須的，但假清高眞XX就不太理想。一杯 50 元的咖啡，要是只論咖啡豆和水的成本共 3 塊錢，就覺得商家是暴利，那是不公平的，同樣的 90 分鐘的按摩，經驗老到的按摩師和剛畢業的學生，過去專業功力的養成成本也是天差地遠。當市場多數消費者在「需求與滿足」之間因為資訊不對等的洗腦傳播，最終的消費選擇早已不是產品本身對消費者來說是否眞的需要或有沒有用，而只是希望能在某個比較熟悉的保健食品身上，找到救贖而擺脫深淵，不要變成「米蒂」。【註】「米蒂」為動漫作品《來自深淵》中，求死不得的實驗動物。

雖然我對許多商業型態的本質與成本相對了解，但在早上嚴重睡眠不足時，一杯咖啡店的手沖咖啡就能讓我獲得滿足。但若是在賣場購入的保健食品，不管保健食品本身有沒有實質效果，至少付出的是自己所能接受的金額，同時認同其價值與所接受的商品訊息是接近的。

然而最終，有的人還是因為喜歡○○品牌的代言人或包裝而買了產品，也有人在認眞思考後，選擇釜底抽薪的調整生活作息，眼睛和思緒都變清晰了！甚至有人在需要酵母菌時，不如去吃健素糖也不錯。但不論你的決定是什麼，只有消費者避免在資訊不對等的「不公平」情況下，盲目被引導決策，最後的「危機處理成本」或許才能眞正避免。

◤ 海洋的商機

　　世界上雖然有許多國家並不面海，但是受到全球暖化的影響，部分國家面臨糧食供給平衡出現問題，在瑞士達沃斯舉行的2022世界經濟論壇 WEF（World Economic Forum），其中將「可持續的未來藍色食品」，也就是以海洋食品取代陸上食物，轉型建立有別於以往的健康糧食系統。「藍色食品」的好處在於可以使用更少的土地資源和淡水來生產，更容易達到低碳足跡，其中除了漁業之外，海洋中孕育的大量的生物、微量元素，都有機會做為更高經濟價值的營養保健食品。

　　台灣所處之地周圍環海，從歷史及文化的發展來說，都脫離不了海洋的影響，在經濟的發展上更是相當依賴海洋，不論從食物的取得或是運輸功能，都可說是倚靠海洋而生。

　　然而從行政院農業委員會漁業署的資料來看，近年因極端氣候、水土資源有限及面臨國際競爭等大環境趨勢的衝擊下，國內的漁產的養殖產量占全球產量的比值從1950年的4％，衰退至目前的0.3％，對全球養殖產業的貢獻度已大不如前，因此必須加速產業升級與轉型，才能擺脫目前的困境。

　　以國內早期進口的相關商品來說，像是魚油、藻類等，都是消費者願意購買使用的品項。食藥署指出台灣一年的保健食品商機高達1,500億元，而且增加幅度多達5.4％，從經濟部公佈的2020年整體保健營養食品產值中，像是藻類（包括綠藻及藍藻之粉末、膠囊、錠狀等相關產品）就有約11億。另外在中醫藥典籍相關的本草著作中，記載可入藥的海洋生物約有一百一十餘種，應用於醫療保健，並形成了海洋生藥的概念。

新產品的研發切入點

在一般大眾的生活中，常態性的營養補充及食品，包括像是海洋產品加工及調味品製作，或是針對嬰幼兒的魚肝油、海苔等，在一般市面上都相當常見。不少研究顯示魚類、貝類等水產品不僅具備更為豐富的蛋白質含量，而且含有更為均衡的必需氨基酸，像是蜆精、魚精、甲魚精、海參、深海魚、海洋膠原蛋白、甲殼素等動物來源的相關產品，也持續受到消費者的青睞，並且其中有不少就是將漁產價值較低的食用型態及原有的廢棄部位，經由技術萃取加工，創造更高的經濟價值。

提升海洋生物資源價值的方式，常常是以海洋動植物、微生物和水產加工副產物或生物廢棄物為原料，運用生物細胞工程和發酵等方式，開發成藥物、保健食品、化妝品和醫用生物材料等。海洋中的微量元素像是鈣、鐵、鋅、硒等，可以調節人體代謝，並補充人類缺乏的特定營養元素，近年來也透過製成食品的形式進入我們的生活。

過去我們相當倚賴進口的海洋相關製品，原因還是在於技術與市場需求，但國內近年來擁有越來越成熟的研發與萃取技術，在品牌行銷的能力上也有相當不錯的表現，不但可以滿足我們自己市場的需求，還有機會經由國際貿易與會展行銷，走入國際消費者的視野當中。

聯合國在 2008 年第 63 屆聯合國大會頒布 6 月 8 日為世界海洋日，這或許是我們未來思考國內營養保健市場尋找新商機的一個好方向。海洋資源是大自然所賦予我們的寶貴財富，台灣擁有豐富的水產資源，不但品類繁多而且資源豐沛，從我們平日食

用的食物中，海洋中不同的海鮮及魚種，營養價值也各不相同，甚至是漁產背後的捕撈技術與養殖成本、在地原生種與進口的差異，以及當季漁獲的食用概念，都是以往國內食農教育中較為不足的一環。

當我們更積極的從海洋中獲取有價值的保健營養食品資源的同時，也必須注意到環境保護，避免過度捕撈，才能讓海洋資源源不絕的持續成長。

沖 泡 飲 品

▪ 秋冬是主要時機

　　在秋冬季節除了天氣逐漸轉涼，再加上時常颱風或陰雨不斷，消費者開始養成爲自己添上一杯溫暖熱飲的習慣。相對於早已進入生活中，常見的是咖啡或茶，以中藥食補和健康養生的沖泡式飲品成了居家或是辦公室內常見的方便新寵兒。相較於天熱時的冷飲習慣，一般人普遍認爲溫熱的沖泡式飲品比較健康養生，但其實從某些層面來看，若是不夠了解手中的這些熱飲，卻可能成爲身體造成負擔的原因之一。

　　我協助輔導沖泡飲品產業時，實際接觸過不少消費者，由於對產品不了解或廠商出錯，而導致原本想透過熱飲暖和身體，卻造成傷了身心的副作用。一般來說，沖泡式飲品常見的分爲 4

種，包含即飲式、粉末狀、濃縮液以及原物類。即飲式多半已經完成裝瓶，只要加熱即可食用，一般零售連鎖通路較為常見，通常來說有知名度的品牌只要製造過程符合食品法規，較少出問題。粉末狀、濃縮液以及原物類的來源就相對多元，除了知名品牌外，包含了各大露天市場、網購通路，甚至一些農業文創通路也都有販售，當中最常發生風險的就是以下幾種原因：

◉ 庫存存貨在保存狀況不佳的情況下，重新填裝或是再加工，可能導致飲品本身已經有發霉、受潮，甚至質變，卻不容易被發現。

◉ 製造生產的環境並未有足夠的殺菌設備，以至於在生產或是填裝的過程造成汙染。

◉ 銷售或陳列環境不佳，例如像是有些花草茶在露天市場裸露販售，很可能在分裝或是陳列的過程中發生問題。

◼ 價格與品牌差異大

這些年其實沖泡式飲品因為競爭激烈，甚至可說若沒有一定規模，想提高市場能見度其實相當不易，因此常見在電視曝光中的《桂格（Quaker）》、《馬玉山（GREENMAX）》、《VIVA萬歲牌》這些品牌，除了具備一定的規模外，也有一定的消費者認知；另外在電商市場也有一些品牌獲得消費者的支持。但有趣的是，多數類似的產品就算品牌不同，售價上的差異也相對有限。然而為何有些非知名品牌卻能用「極低價」來販售，或是號稱「原料特殊」、「產地特別」，甚至「口感極佳」來吸引消費者付出高於市場均價數倍的金額購買？

就現實層面來說，例如常見的杏仁粉、可可粉，甚至豆類粉，或是一些花草茶、中藥草，多半是大宗進口，在原物料的價格和加工生產及營運成本加上去後，市場的價格是可以被推斷的。但若是產品售價明顯低於市場行情，且沒有品牌背書，就要更進一步了解銷售平台是否有所把關，不然就得小心「原料成分」的合理性。

當然多數的食物都應該適量食用，但有時天冷卻可能疏忽覺得只是飲品就多喝幾杯，但包含不少原物類的沖泡飲品其實過去被歸類為中草藥，在某些情況下不宜多喝，以下就是幾種常見影響的例子：

◉ **糖分超標：**不少像是濃縮液的產品，比如進口的金桔茶或是本土的黑糖薑茶，為了平衡口感，有的其實加入大量糖分。

◉ **添加物過多：**有些時候添加物是為了讓飲品看起來更濃稠或是更具香氣，但雖然對身體不一定有立即危害，但當年的起雲劑（塑化劑）就是危害的案例之一。

◉ **不了解功效：**不少沖泡飲品事實上喝多了，食材本身還是會有一定的功效，我協助過的公司就曾遇到，有消費者使用「生化湯（女性）」調整成的保健沖泡飲品，雖然是食品卻還是造成影響有孕身體的副作用。

這些年各類的食品安全問題，其實對消費者確實造成一些影響，但其實現在的資訊這麼發達，不需要過度恐懼或是輕易聽信網路謠言擔憂。至少中藥房或是連鎖賣場通路所販售的商品價格都在正常合理範圍，至於沒有品牌又充滿話術的高價商品，消費者購買其實只是當了冤大頭而不自知，因為那可能就只是一般

普通的商品罷了。自己喜歡的熱飲須自己了解，只要掌握「安全」、「健康」的原則，再依個人偏好去選購合適的產品，在天冷的時候就能更愉快地度過！

chapter 9

節慶好時光：
年菜、節慶食物、禮盒

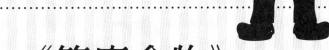

年 菜

◾ 團聚的用餐時刻

　　之前因為疫情的影響，很多本來闔家團圓過年圍爐的模式，都受到了影響，尤其是預備在外用餐的家庭，從除夕到初二都有不少的團圓飯，改成了外帶形式，也有部份則以菜餚冷凍宅配的方式，只要簡單復熱就能在家享用大餐；但是還是有些家庭因為怕麻煩，所以寧可在防疫規範許可的情況下，到餐廳享用現場料理。在疫情緩解後，多數人開始重新思考，不論是到餐廳用餐還是持續購買外帶年菜，甚至是選購預製的冷凍年菜，都是希望能重新一起過個好年。

在華人的世界中，農曆過年不單只是一個節慶活動，更是家人團聚的難得時光，尤其在台灣的發展歷史中，客家人的文化習俗重視返家團聚，閩南文化的宗教信仰傳承，以及國民政府遷台後的外省及眷村家屬，對於親屬分隔兩地的思念，各族群的文化都影響了台灣人對於農曆新年過年及吃年夜飯的習慣。雖然原住民族更重視的是各部落的文化慶典，但是在台灣在地文化交流融合的過程中，也願意參與在其中，甚至是現在的新住民朋友，也讓農曆過年有了更多的意義。

　　這幾年因為疫情的衝擊，對於團聚這件事情多少受到影響，但是多數人還是希望能在農曆年跟家人聚在一起吃飯，即使是在平日生活品質已經過得相當不錯的情況下，「跟誰吃」這件事在我們的文化中還是扮演十分重要的因素。以往農曆十二月二十九日，逢大月則為三十，是除夕吃年夜飯的時候，再來初一拜年，初二回娘家，這樣的宴席型態以往甚至會延續到初五。除了闔家團圓聚餐外，事前的準備過程更是一種儀式感，但是當代的家庭更講求方便，以及成員生活的習慣改變，因此在外訂桌的模式和復熱年菜，也越來越受到青睞。

◗ 不同菜系的差異

　　華人世界有著名的八大菜系，分別指的是山東「魯菜」、四川「川菜」、安徽「徽菜」、湖南「湘菜」、江蘇「蘇菜」、浙江「浙菜」、廣東「粵菜」及福建「閩菜」。而台灣聚集了

多元文化，扮演餐桌上主角的年菜也有許多面向，在時代的演進中默默產生變化。我自己印象最深刻的是，小時候，每年移居外國的親戚返台時，一起到店裡享用銅鍋的酸菜白肉鍋，那高聳的煙囪使人感到愉悅，而陸續幾天待在奶奶家的時間，則是各家名店的年菜大集合。

在這我整理了近十年來觀察，最受消費者喜愛，會出現在餐桌上的代表性年菜，也作為還在為今年做準備的朋友，一些不同的靈感。在最受歡迎的菜色中，豐盛而具有高度節慶符號意義的就屬「佛跳牆」，繁雜的做工和豐富的內容物，再加上這些年品牌的行銷推廣，幾乎成了餐桌上必備的項目。

再來則是在過年受到近年消費文化影響的「麻辣／酸菜火鍋」，不但能作為天冷時的熱菜，也能讓大家都能更方便吃到習慣性的餐飲內容。延伸過年的祥瑞之氣，像是「雞類」的料理有吉祥如意的意思，但是也有不少家庭會將禽類的「鴨／鵝」作為替換，免得每年都一樣會吃膩。

另外「魚類」的料理則寓意年年有餘，也因為過年通常會講究畫面，所以石斑／鯧魚則是近年來的常客，而另外適合作為熱菜的則是「蝦」類，因為其外型如同長鬚老人，所以象徵長壽，這幾年則在餐桌上看到更為誇張的龍蝦料理。

而在「肉類」擔當中，以前能吃上一塊豬肉就算豐盛，現在則是以蹄膀、東坡肉、蜜汁火腿佐富貴雙方等功夫菜來上桌，同時也寓意諸事大吉的概念，牛肉也在這些年越來越被接受，多半會以滷菜的形式出現。最後在「澱粉類」則是以象徵步步高升的年糕／蘿蔔糕、能交上好運的餃子，作為桌上最後達到飽足的餐點。

◥ 年菜也需要持續進化

其實有一段時間，國內對於年菜的開發與創意，沒有什麼顯著的改變，但是因爲疫情的影響，原本時常可以吃到的喜宴大菜，突然大幅減少了機會，飲食的西化也讓年菜中甚至會出現牛排、美式豬肋排及炸雞，或是素食飲食的需求提升，甚至是新住民的創意料理也讓餐桌上的國際感增加，這些都代表了年菜的多元發展。

消費者眞正在意的是這些節慶背後的意義，透過紀念、討論，甚至商業品牌的推波助瀾，讓那些一直存在的記憶，可能是親情、友情和愛情，經由節慶活動深化而成爲消費者珍惜的一部分。

以往大家必須堅守除夕圍爐的觀念，但在越來越多人從事服務業必須堅守崗位，和我們在現今的社會生活，沒有哪天不在守夜的情況下，強制的時間限定也不再是唯一的考量。

◥ 別讓意外毀了節慶

在外帶年菜需求量突然大增的情況下，市場陸續傳出災情，像是之前雲林餐廳的外帶年菜疑似引發食物中毒，導致消費者上吐下瀉就醫，或是斗南一家便當店當天現煮的圍爐年菜，原本說是現做料理不須復熱，但收到時菜餚全都是冷的，況且還有部分肉類沒熟。甚至也出現了不少花了 6000 ～ 7000 元以上，但是收到的年菜不是縮水就是與照片不符，甚至還有消費者誤將缺少筍絲的腿庫料理當作是德國豬腳的趣事。

同樣的，在高雄也有名店因為備料不及無法依照預訂訂單出貨，當消費者正準備要吃團圓飯時，才發現餐廳不但沒開而且電話號碼還是空號。即使後面釐清可能是誤會一場，但仍讓年節的喜氣大打折扣。而在社群媒體上更是有許多人分享出與訂購當初產生落差的年菜照片，包含份量縮水、口味走鐘及其他與廣告口碑不符的情事，也可說是近年常常出現的爭議。

但是為什麼會有這些店家甘冒「砸自己招牌」的風險，讓這些問題發生？我大致歸納了七個原因：

一、訂單數量超過自身負擔的能力，導致準備的時間不足

二、高估現場可以料理的設備，以至於沒有充分煮熟

三、料理的儲放環境有問題，以至於預製年菜發生變質

四、因為原物料漲價而降低原本的品質，讓消費者收到的實物有落差

五、代工廠商沒有達到預期的水平，影響了品牌聲譽

六、消費者對於付出的金額，與過去對品牌的認知期望產生落差

七、廣告及口碑宣傳不實，在圖片和描述上與現實不符

其實我提醒了不少業者朋友，若是要做年菜生意，包含冷凍或冷藏的保存選擇、事前的設備及人力，以及消費者的溝通等面向，都會影響最終的結果。一家餐廳能在過年前準備多少預製年菜，牽涉到訂單數量及自己準備的能力，但若是因超出能力而超收訂單，或是在下訂後發現原物料及其他成本漲價，但是又不願降低獲利，就很可能發生意外。

機會可以是商機，但也可能是危機，若是讓消費者在過年中產生了不愉快的經驗，不但消費者之後可能再也不願意上門用餐，社群負面消息的曝光更是會對品牌造成影響。在未來過年消費者仍有相當高的機會選擇省時省力的預製年菜的同時，建立一年一次的好口碑，除了可能影響消費者回購，若是不小心出錯希望能重新挽回消費者信心，提早準備還是有機會能扳回一城。

節 慶 食 物

◥ 特定目的的消費

　　從節慶的機會點來看，許多商機的來臨都出現在環境發生重大轉變時，大家需要值得慶祝與紀念的一個合理說法，像是天冷時過冬至就可以多買幾盒湯圓慰勞家人，或是大家一起聚餐吃火鍋。節慶活動更是從消費者的文化中產生出來，具備了最合適作為品牌溝通的元素及議題連結。很多時候消費者自己捨不得花錢購買產品，但會願意為親情、愛情、友情等因素買單，只要師出有名，自然就是合適的節慶。

　　像華人就特別重視農曆新年，農曆年前的居家佈置、新品添購及餐飲採買需求都是相當重要的商機。而西方的節慶則較多源於宗教，像是現代行銷的重要時間會落在耶誕節聚餐，也與基督

教信仰有高度的關聯；還有像是感恩節大餐也越來越多人願意接受。對企業來說，包含春酒、尾牙也都是重要的節慶餐飲需求，一般消費者則會從個人的生日、情人節及結婚紀念日等節慶，來選擇合適的餐飲形式與品牌做消費。

甚至像寒流這種屬於氣候變化，而非傳統節慶概念的因素，曾因為台灣部分地區急寒、甚至下雪，造成社會公眾對特殊議題的熱烈討論，不少人還特別前往賞雪，慶祝人生中第一次能在台灣看到雪的日子。從長遠的角度來看，爭取消費者認同，就是比競爭者更能瞭解消費者的需求。對消費者越深入瞭解，就越能提供滿足其需要的服務。跟以往的消費者分析相比，文化因素對消費者的行為具有更廣泛且深遠的影響。

◨ 建立品牌記憶點

一個品牌的成長靠著一年一年的進步，每年都有必須達成的目標，除了業績之外，還有更多的品牌形象和議題需要結合。節慶活動作為一年之中社會文化發展的每個階段節點，不但是議題結合的最好時機，也是品牌每年重複被消費者記住的機會。

運用節慶打造成功的熱門品牌記憶度，也是相當重要的企劃方向。在台灣最成功的例子，就是讓大家中秋節都聚在一起烤肉，成為重要儀式的金蘭烤肉醬，以及每逢元宵冬至，都會造成一波搶購熱潮的桂冠湯圓。

當家庭、朋友之間都重視節慶，品牌又能透過行銷傳播建立品牌的偏好度時，購買並使用特定品牌，就會逐漸成為一種每年

固定的儀式。另外像是全聯福利中心就是靠著中元節不斷發送有趣的議題行銷手法與微電影操作，使消費者印象深刻。從公眾的角度看，節慶活動的議題運用可說是品牌與消費者之間最好的溝通橋樑之一，節慶對世界上許多文化都具有重大意義，也因此受到這些文化影響的人就會特別重視節慶的內容與延伸的意涵。

我再將節慶定義為：宗教或組織針對目標受眾在特定時空場域中，規劃特定議題，並以儀式或展演呈現的行銷活動，當中的元素包含娛樂、慶祝與集體效應。不論是國家城市品牌、企業品牌或非營利組織品牌，舉辦參與節慶活動的目的及效果，包含了結合宗教、文化等元素，針對目標受眾規劃，並以事件行銷做為核心的特殊活動。具有儀式、集體效果，亦可結合觀光、在地化等元素，提供參與者身心靈不同層面的滿足。

◣ 節慶建立指標記憶度

有些節慶因長年重複舉辦相關慶祝活動，可做為指標性節慶，對於品牌來說，指標性節慶具有代表性、知名度及較大的基礎受眾，通常也因為文化意涵較深，所以在設計方案時有較多的元素可應用。但也由於指標性節慶有太多品牌會投入資源去舉辦活動，要讓節慶活動與品牌的連結度提高，能否使消費者產生指定效應就成了行銷的成敗關鍵。

對餐飲業來說，在年度規劃的架構下，品牌一年之中會舉辦多個不同主題的節慶活動，型塑出消費者對品牌的記憶度與形象，也能有策略的持續增加消費者與品牌互動的機會。

另外對於多數品牌來說，節慶本身能創造的經濟效益也是一個關鍵因素，畢竟要投入行銷傳播資源，背後就是要能帶來業績的成長、來客數或會員數的增長，或是新產品、新通路的能見度與市占率提升。只有與品牌方向一致的節慶活動，才能為品牌帶來真正的正面效益，也才適合長期發展或放進年度規劃當中。當然許多傳統節慶的背後，可能跟宗教、族群文化、特定價值觀，甚至國際議題有關，但並非每個都適合做為品牌的節慶活動主題。

　　因此自創品牌節慶活動，並針對符合品牌發展目標的消費者產生意義連結，也是很值得嘗試的創新做法。若是品牌長期以販售炸雞為主，舉辦國際炸雞節或許會有吸引力，但若推出中秋烤雞節就不一定具有說服力。同樣的，若是一個品牌參與世界地球日的時間已長達 10 年，跟第一次參與議題的品牌，能造成的影響程度也會有所不同，像是著墨節電關燈還是建議吃素食議題，所影響的對象和意義也大不相同。

　　也有品牌會為了達成品牌理念推動而在節慶時投入資源，這時雖然無法帶來實質獲益，但因為有年度規劃作為保障，就更能讓每個獨立的節慶活動為品牌帶來幫助。尤其是餐飲品牌更會希望消費者能養成每到特定時刻就會想到自己心目中偏好的品牌消費，而這個首選若能是我們的品牌那就太好了。

　　品牌設計節慶活動最主要的原因，還是來自於節慶本身與消費者的關聯性廣泛，而且具備特殊意義的深遠影響。成功的舉辦節慶可以在短時期內使得品牌的討論度及關注力獲得大幅提升。例如農委會為提振國產米食及推動在地消費，舉辦國產米食嘉年華活動、或是提升台灣農產品曝光度的「台灣農產嘉年華」。節

慶行銷無法複製，行銷人必須找出品牌與消費者的關聯性，節慶活動的規劃包括延續現有節慶活動而制定、尋找具備潛力的而沒有發揮的節慶主題，或是計畫全新議題的節慶活動。

▪ 節慶行銷方案

　　節慶時間的出現，從每日、每週、每月、每季、每年有不同的主題，設計的活動規模也會有所差異，更重要的是不要只把節慶當作促銷方案的主題。對品牌來說，疫情衝擊導致之前的發展策略必須跟著調整，怎麼在「疫後時代」盡快重新規劃出更合適的行銷方案，並且落實在後半年的不同階段，才能重新讓營運回到過去的常規需求中，並且在經歷這段時間的整體環境變化後，仍能使品牌在社會大眾心中值得信賴，也成了觀光餐飲業急於找出的答案。

　　促銷不是全部，「歡樂氛圍」才是節慶行銷的成功關鍵！消費者真正在意的不是哪個品牌因為母親節打折優惠，而是因為想在這個節慶孝順母親；耶誕節或許對多數人來說，只是一個有著歡樂氣氛的假期，但對基督徒來說，則是信仰的重要節慶。

　　在疫情如此劇烈改變消費市場的未來規劃上，我從過去輔導廠商的經驗發現，那些經歷過多次衝擊仍然能走過風雨，重新站起來的企業，都有相似的重要思維邏輯，因此可以運用「品牌耶誕樹」的概念，來幫助餐飲品牌達到節慶規劃的目的。

善用品牌耶誕樹

因為品牌的發展就像一棵大樹的成長，成長方向的指引就是「品牌核心發展策略」，而能夠讓品牌持續成長茁壯的 7 條樹根，就是：

1. 環境解讀與預測能力

2. 專案企劃能力

3. 年度規劃架構能力

4. 節慶主題企劃能力

5. 促銷活動設計能力

6. 數位整合行銷思維

7. 消費者需求認知思維

以常態來看，品牌每年的「年度規劃」通常會固定依照 12 個月份可變動的主題搭配來制定促銷方案與慶祝活動，以對應到消費者的生活需求。

像是後半年即將到來的父親節、中元節及中秋節，甚至是零售業的週年慶、11 月促銷季及耶誕節等大型節慶時間。品牌可因應不同的產業特性來選擇合適的節慶活動發展，甚至是創新設計新節慶。

選擇與消費者互動連結的主題，再搭配促銷工具的應用，以期提升消費者的購買意願。只要餐飲品牌業者能夠堅持既有的發展方向，也有足夠的力量及合適的思維架構支撐疫情後調整的

營業目標及業績達成，最後再透過外顯性的傳播工具及媒體來吸引消費者目光，就有機會將疫情這段時間失去的營業額給彌補回來。

利用疫情已經造成的消費者需求改變，及時開發出新產品、新服務，甚至提升與會員顧客之間的關係，都能在之後的節慶行銷中為品牌帶來正面的幫助。善用節慶行銷力，可以讓大到上市櫃品牌的品牌形象溝通、小到單一中小型觀光餐飲業者的促銷方案，都多了一些消費者認同的機會。相信疫情打不倒的必讓我們強大，而能夠讓產業的經濟再次重新成長。

▪ 伴手禮的需求

　　國內與國際旅遊市場在開始重新暖身的情況下，最近我們可以發現，幾乎每個周末，不論是戶外的風景區、觀光工廠及休閒農場，以及一些市區的特色名店，都陸續再現不少人潮。對於不少消費者來說，怎麼證明自己曾經到過這些景點，以及當收假後回到公司學校想跟大家分享一下出遊的愉快心情時，帶幾份伴手禮分享就成了最好的選擇。

　　伴手禮的解釋，較多的說法源自閩南語中的伴手 phuānn-tshiú，指女兒歸寧及新婚回門時，提在手中帶回娘家的禮物；也有人認為是指等路 tán-lōo，是親人等待遠行者返家返鄉時，所帶回來分享的禮物（資料源自臺灣閩南語常用詞辭典網）。

對於企業來說，許多沒有龐大行銷資源與知名度的品牌，可以藉著發展具有特色的伴手禮，在穩紮穩打的情況下累積消費者的支持度與實質購買力，同時因多數的伴手禮仍會跟觀光結合，就能同時與地方政府及當地居民、其他業者相互合作，建立資源共享的機制。

在企業及品牌設計伴手禮的設計元素時，常常會結合當地鄉鎮或是民族特色物產，或運用地方的歷史文化、傳奇故事及品牌元素，提升伴手禮的價值，使消費者更願意掏錢購買。

常見的伴手禮類型，我大致將其分為：糕餅點心、米麵飯主食、農漁牧產及加工品、工藝紀念品、生活用品、衣物飾品、文具及玩具模型及美妝保健品。不少伴手禮，常常是將既有的產品、食物、或是功能性的用具，透過創新性的再設計，而轉化成為有價值的商品禮盒。

■ 創意元素的加入

在規劃行銷伴手禮時，我們可以運用「元行銷創意思考法」，一旦產品內容物越顯得微不足道，或缺乏存在感時，製造商也可能藉由開發新材料結構，營造獨特的包裝來吸引消費者。例如將原有的豬肉乾放進地方限定的造型包裝盒，呈現出可愛的小豬造型，或是將原有的罐裝醬料重新裝盒，並結合插畫師的設計來提高價值，甚至是將原本具有知名度的甜點，以地區限定的農作口味，製作限量現地販售的區域伴手禮。

若能在包裝上有讓人驚豔的設計造型，就可能更提高商品

價值，很多新創者在開發創新產品時真的很有創意、沒有包袱，相對的，既有品牌通常得考量到組織現有資源、內部共識及可行性，甚至是經營者的決定等各種因素，所以當行銷人真的覺得自己的點子，不論是新產品、新服務真的很不錯時，可以優先檢視，若點子真的可行，那麼原本受限的條件是否能自行突破？

　　像是在伴手禮中最容易受到消費者注意的就是包裝，對消費者而言，包裝除了能帶來品牌辨識度、傳達描述性及說服性的資訊、確保產品儲存時效及便利產品的使用外，更同時展現出我們自身的品味。

　　針對重視文化、品味的消費者來說，能從自己手中送出創新獨特的伴手禮，更能為內心帶來自我實現的滿足。然而從價格來看，消費者願意為你的差異化產品服務付多少代價，則是最重要的評估依據，尤其當同類型伴手禮在市場發展已相當成熟時，除非你獨特的產品差異化擁有消費者無法拒絕的理由，否則競爭還是相當激烈。

◤凸顯自身特色

　　透過極特殊的功能服務與強烈的品牌形象，都有機會強化這樣的條件，但前提是能維持競爭優勢，不然只要競爭者找到機會，就能突破且迎頭趕上。在過去很多地方的伴手禮所面臨的最大問題是，產品本身紅了，但是消費者卻搞不清楚到底是哪一家的最值得購買？經過疫情的衝擊，其實許多包含觀光工廠、休閒農場及知名特色品牌，也更了解那種靠一條龍的伴手禮銷售模式，可能就是讓品牌無法更進步的原因。

就像有些知名品牌伴手禮，消費者不但願意付出較高的金額，還得長時間排隊等待等其他附加要求，仍有消費者心甘情願的買單。如何讓品牌形象透過伴手禮的商機更容易被其他消費者看到，我們也可以在行銷時思考時順應趨勢，加入環保議題，使消費者知道品牌對社會責任落實的用心，尤其像休閒農場或具環保理念的觀光工廠，更要在設計伴手禮時融入這樣的概念。

當之後越來越多國際旅客開始透過自由行、口碑推薦的方式來到台灣觀光時，在經過疫後這段時間的國內旅遊需求的大轉型，不論是想靠伴手禮推動地方觀光的經濟，還是視伴手禮為品牌重要收益的金雞母，最重要的還是從「元行銷」的角度出發──唯有當行銷人自己都真心喜歡這份伴手禮，才有機會在送禮的同時，使收到禮物的人真正能感受到送禮者誠摯的心意。

◗ 送禮的意義

華人的年節當中，送禮的儀式感可說是相當重要的一環，從農曆年前的 14 天到元宵節，不論是長輩、親人、朋友，送禮代表一種情感的維繫互動的方式，也是送禮人品味的象徵。過去我曾為幾個品牌規劃過節慶禮盒設計，由於自己並非設計專業，只能從消費者端的需求提出建議。但總體來說，送禮的本質是收禮人的感受及過程當中雙方關係的維繫。

反應在送禮的禮盒層面上，其一是送禮的交際活動。近年來市場上中高價位的禮盒，較以往更為多元，在大賣場動輒 2000～3000 元的禮盒，以及一些特定品牌上看 4000～5000 元的高檔禮盒，都能受到消費者青睞。因此，觀察近年的年節禮盒，都出

現了更多讓人特別注意的包裝設計及不同以往的產品內容。

　　然而除了高價之外，排隊名店的蛋黃酥、糕餅也是一大特色，動輒排隊數個小時，消費者除了自用以外，多半還是爲了送禮，且因名店品牌多媒體報導，這也讓受禮人更感到備受重視。但其實相對來說，送禮者必須付出更多的代價，才能完成這樣的禮盒採購。

　　另外像是包裝色彩圖案應用不再侷限於節慶元素，而是從質感的角度來體現，包含精品類年度或季節限定色彩的轉換套用、授權IP品牌的角色，以及乾淨俐落的圖案等。精品包裝盒子的材質也更堅固，更適合再次利用。

　　品牌知名度的異業結合，也是消費者對年節禮盒能快速產生好感的原因之一，因此今年可以看到更多不同的知名品牌合作推出禮盒產品，也有不少跟在地特色食材合作的品牌。送禮的價位區間差異更大，雖然以前也有高級的鮑魚、洋酒禮盒，但是今年因爲疫情影響，一般朋友間可能選500元以下但精緻的贈禮，至於特別感謝的長輩則可能透過進口高級禮盒來表心意。

◣ 回歸收禮者的期望

　　另外近年的送禮市場也可觀察到一個趨勢，那就是實用性禮盒的需求提升。雖然糖果餅乾、水果、茶葉這類產品仍然是送禮的大宗，但是可以發現，近年像是食用油、養身保健品，也因爲禮盒設計得更有質感，成了送禮的新歡。當我們購買來自己使用的機會提高，實用性高的禮盒也讓消費者願意多花一點錢，選購

禮盒來當作慰勞自己一年辛勞的禮物，甚至公益品牌的禮盒也適合當家中有客人造訪時作爲話題。

所謂的「凡爾賽」消費行爲，是指消費者做出引發他人高度羨慕、關注其生活水平的行爲，就像在社群媒體上公開展示收到奢華的烤肉龍蝦牛排禮盒，一來是作爲自己未受疫情影響仍過得很好的證明，二來則是療癒一下這段期間疫情所造成的鬱悶。但這也常常造成「倖存者」偏差的誤會，當多數人並未同樣浮誇的度過節慶時，倖存者會對自己相形平淡的過節方式感到失望，或認爲自己是疫情的受害者，然而這卻讓原本節慶的意義被忽略了。

從以往中秋節時，不論是辦公室分享平價但美味的月餅，還是大學生開學時第一個交誼活動，甚至是家人朋友相聚的烤肉時光，反而整體的人情味都變淡薄了，許多行爲似乎都只爲了炫耀，反而忽略了過節眞正的意義。疫情讓人們重新反思，其實最値得珍惜的不是那些值得誇耀的物質，即使越來越多人對節慶無感，但是當大家一起坐下來烤肉、聊天，實際互動時，人與人之間的關係拉近了，即使烤肉派對一點也不奢華上鏡，但人與人眞誠的交流時光才是眞正珍貴的。

新的一年開始總是有一番新氣象，買個禮盒感謝好友、鼓勵自己，都是不錯的選擇，但也別因此爆吃了一大堆零食，最後面對不知如何處理堆積如山的空盒及走樣的身材，那就失去送禮的美意了。

chapter 10

創新才能活下去：
開業準備、創意思維、冷凍食品、
餐飲大航海時代

開 業 準 備

◾ 開業前的準備工作

　　疫情期間有許多品牌離開市場，但也有許多新品牌躍躍欲試，想要成為異軍突起的黑馬，也因此 2022 下半年，有不少新的餐廳、手搖茶、咖啡店，甚至是早餐店，都打算在 2023 年開幕迎客。因為「文青小確幸」的風潮興起，不少人以自行開店為目標，這成了多數創業者的第一選擇，不論是咖啡店、牛肉麵店、餐酒館……等餐飲業，消費市場持續有新血加入汰舊換新。但縱然不斷注入數位行銷的元素，仍有許多人還是偏好到實體店舖感受體驗氛圍，這也是疫情後各行各業最大的發展機會。

我常跟輔導的創業主說：「生活沒有欺騙你，只是你活在想像裡。」創業必然是充滿修煉的過程，再喜歡喝咖啡，每天泡100杯咖啡也會累；再喜歡吃牛肉麵，每天早上得3點起床熬高湯也會哭。在投身經營餐飲業前，只有先做好功課、下定決心，努力是必須的，但努力之後能走多遠，就只能盡力而為，畢竟「世界上最遠的距離，是結局與我們的期待」。

◼ 整體資訊的掌握

從專案管理的角度來說，餐飲業要開店成功，其中的關鍵要素包含像是商店訂位、目標客層設定明確、經營策略及方針具持續性、開店立地條件有發展空間，以及服務及商品組合符合消費需求，並能不斷創新等。開業前必須收集各類商圈相關資料，尤其是政府機關的公開資料，可以事先把握產業整體的發展資訊，包含人口統計資料、地區經濟活動資料、各類社經民生活狀況資料、區域及都市計畫資料、道路交通及建物相關資料等。

另外，了解附近的類似競爭者現況，才能在後續開業的營運中找出與競爭者區隔的方式。在餐飲業開業的實體環境中，必須更了解像是附近的交通動線（高速公路、公車捷運、停車場及其他資訊），以及道路狀況（道路寬度、單向或雙向），才能掌握消費者動向與交通的便利性需求。當我們充分掌握了開店附近商圈的消費者之後，就能開始規劃正式開店的促銷活動方案了。

■ 開幕日的專案規劃

　　在許多類似的品牌中，如何讓消費者知道我們的所在地點以及與同業的特色差異，這時運用節慶行銷力的「開幕日」就成了一個絕佳的時機。開幕日是一個品牌正式開始的時間，若是能在開幕日成功打響第一炮，讓消費者建立良好印象，就能增加之後消費者持續購買的機會，甚至是運用促銷方案，達成初期的營業目標，更是一舉多得。

　　開幕日計畫的好壞，也影響了吸引人潮及所在地區的競爭條件，若能達到口耳相傳的轟動口碑，甚至可能直接輾壓附近原有的競爭品牌，可說是相當重要的環節。在目標的設定上，如何讓品牌在消費者腦海中留下正面印象，以及使初期的業績能夠持續熱度達成目標，正適合運用以下三個行銷專案管理的關鍵，我藉此分享一下過往的輔導經驗，幫助準備開業的品牌有更好的規劃和準備。

一、有創意的曝光計畫：

　　一開始的氣勢很重要，讓消費者知道有一家值得期待的品牌要開幕，如何「讓大家都知道」就必須得接地氣，在不少住宅區的消費者，其實還是會被宣傳單的 DM 內容給吸引，尤其在開幕前半個月到正式開業後的一周，針對商圈範圍的合適對象精準分發，店長也得要擬定文宣適當的投放的範圍及數量，要求執行的同仁落實，避免因為濫行分發，致使資源白白浪費。

若是希望因人潮帶動業績時，可以在上面加印「於開幕日憑此宣傳單兌換贈品」，若是開幕日當天上門，但是沒有宣傳單的消費者，則可提供購買優惠券來延伸買氣。同時營造店面的節慶氛圍，包含布置在店內外的海報、布條、關東旗等布置物，另外包含入口的氣球或是喜慶門，都可以結合運用，但也要考量到環保、避免資源的浪費，適度的結合運用即可。

二、適度結合促銷方案

「促銷為必要之惡」，但是若能在開幕日適度結合促銷活動，就能達到吸引消費者上門，又能維持後續購買力度的效果。因此最常見的像是試吃、試飲活動，就成了消費者首次直接體驗品牌的機會，並且在社群時代之下，主動邀請消費者打卡分享，以及加入會員或是 LINE 群組，也都能有一定幫助，但品牌可千萬不能太小氣，才能讓消費者感受到誠意。

開幕日的促銷要盡量設計得讓消費者能感受到能「立即享受」的誠意，但也要讓消費者不會因此打壞對品牌的價值認知，所以除了價格折扣外，數量累積折扣及會員專屬方案，也能依品牌力來適度運用。對於消費者來說，吸引顧客到新的店嘗鮮需要誘因，等消費者體驗過後產生了品牌認同，就可以正常溝通了。

三、強化主力產品及服務的認知

對於開幕前讓消費者留下重要印象的主力商品，更是需要事前先規劃，例如雞排店的雞排口味眾多，這時若是能特別推薦區域限定的口味，或是年度排行第一的炸物，都可以增加消費者購買的機會。另外透過現場的海報或宣傳品，提升消費者的記憶度也很重要。不同的商圈及客群，對於產品與服務的需求也會有所不同，在開幕日前先分析客層需求，依照結果在開幕日前後不斷提醒消費者，同時在店面將主力產品陳列擺設在適當的位置，若是主力服務則可善用現場人員的話術宣達，持續累積現場消費者的印象。

◾ 第一場勝仗

能在開幕當天就使消費者記住你的主力產品及服務，將有助於你之後與競爭者競逐市場，尤其當品牌具備優異的品質及產品服務，善用價格定錨塑造品牌給消費者的第一印象。再者，經由掌握開店前的資料分析，使消費者獲得其他的餐飲業者所無法給予的滿足，像是提供更方便的停車位置、事前訂餐的預約系統、別具風格特色的布置裝潢，或是規劃讓人有興趣加入會員的促銷優惠方案。

說穿了，開幕日當天根本就像是打仗一樣，除了店員必須事先有系統的妥善訓練，才能在開幕日成功塑造傳達品牌形象及理念，並須將事前的準備及當日的工作分配妥當，以避免店員到時手忙腳亂，才能在開幕日就讓消費者對品牌留下良好的印象；或

者借重公關公司或行銷公司的專業也是一種方式，只要能達到理想結果，都是邁向成功的第一步。畢竟，品牌必須要能先站穩腳步後，才能開始提升品牌在商圈的競爭力，以爭取消費者後續持續購買支持的消費機會。

創 意 思 維

▪ 找機會走出困境

　　在餐飲市場如此競爭的年代中，我們都希望品牌能夠獲得更多消費者的青睞，有時看似平凡單純的基茶飲料，只要有消費者肯買單，還是會有市場，但品牌若是推出各種稀奇古怪的配料，雖然還是有人會想嘗鮮，但是能持續在市場上存活下來的卻不多。除非是短期用來製造話題，否則要是創新過頭，推出太多消費者難以理解的產品及服務，反而會讓人降低購買的慾望；因此，想讓新創產品及服務在正規市場中存活，就要先想辦法降低產品的失敗率。

　　市場上失敗的新產品和新服務比比皆是，但是「不創新、就等死」，品牌要生存就必須使新的產品服務被市場接受，其中

最重要的，還是不斷嘗試並預先做好準備，追求創新原則上是好事，但如果未能充分瞭解市場需求及消費者缺口，就很難在有限資源中創造出話題與熱潮。

因此，後疫情時代的我們，可以從以下幾個面向來思考，如何「破舊立新」，為自己的品牌殺出一條血路。

◉ **瞭解市場缺口：**大部分市場上原有的產品服務差異不大，甚至市場已過度競爭，導致業者的邊際利潤降低，這時開拓新市場及發掘新的消費者，找出尚未被滿足的消費者需求，會比單純開發新品更為重要。過去的產品開發多半著重在實體生產，但現在應該把無形的服務也列為計價項目，透過實體商品與無形服務的結合，才能創造出更多元的產品服務價值。

◉ **認知與需求反覆測試：**我們的新創產品服務推出前，在開發的過程中要更頻繁的去測試消費者認為「現有服務不足」的原因，而不是一味的為了創新而創新。在開發流程上細分為構想分析、概念評估、模型開發、初期市場測試及正式上市，針對每個階段所投入的資源，以及相對應的成果驗收，都是判斷未來新創產品服務是否能在正規市場上真正滿足消費者需求的重要依據。

◉ **讓消費者有感覺：**不論是更換產品包裝，或是在吃到飽中加入新食材，甚至是針對會員提出專屬服務及餐點，不同的消費者會對獲得的內容產生認知，但是只有真正打動消費者內心才是有效的溝通，因此，針對消費者的特定需求及市場持續強化，才能使消費者真的有感，甚至得到感動。

▪ 訂閱制的思考面向

　　不少餐飲業品牌在疫情期間為了鞏固消費者忠誠度，採用了「訂閱制」的方式，以穩定提供一定數量的餐飲服務，及相對優惠的折扣或高額贈品，來提高消費者較高金額一次性購買的機會。像是乾杯及典華集團，就推出訂閱製的方案來因應拯疫情當時衰退的業績，對於原本就有一定忠誠支持者的品牌來說，這就如同以往會員買餐券的概念一樣，或是品牌提供「餐飲建議」的主題設計，透過外帶外送及冷凍宅配等方式，使消費者能更方便的在家就享用到美食。

　　以往當其他產業的業者將原本的產品服務轉變成訂閱制時，通常會採用預付費用、數量購買及價格優惠等誘因以達成消費者訂閱的目的。但還是常常發生無法讓消費者續訂，或有消費者中斷服務、要求退費的問題；因此當我們打算推出餐飲服務訂閱制時，建議應該要先思考五個面向：

一、應評估是否可長期服務

　　品牌若採訂閱制的方式，業者是否可以持續進行較長期的新產品服務規劃？若是業者本身已經有足夠的產品服務，可以一次性提供消費者完整方案，但若是現有產品服務不足以吸引消費者的話，就必須要持續更新方案，才能滿足消費者再次訂購的機會。

二、找出優於單次購買的誘因

　　在現有的產品及服務基礎上，所提供的訂閱制是否能讓消費者更感興趣，並優於單次購買的誘因。例如消費者為了維持身材

與健康，可能會選擇健康料理並且持續使用一段時間，但像是口味較重或歸屬於特定時節的節慶料理，則需要重新設計，調整成可持續使用的餐飲內容。

三、考量市場的飽和狀態

在設計訂閱制服務內容時，是否有辦法持續掌握消費者的需求，在滿足當下市場的同時也能持續因應未來變化。尤其是當消費者選擇 A 品牌的訂閱制服務後，同質性高的其他品牌就要適度調整服務內容，也要觀察市場的飽和狀態來考量發展。

四、避免中斷退訂

願意採用訂閱制的消費者，是否能完成持續購買及訂閱的產品與服務，而不會因為某些原因中斷甚至退訂是很重要的。像是每次因為要透過外送的方式才能取得餐點，但是外送的時間過於不固定，以及過程中出現產品及服務品質衰退的問題等，都有賴業者克服。

五、如何維持品牌形象

訂閱制可以帶來首波快速且較為穩定的現金流，但是業者是否就能持續維持營運？同時，不讓消費者擔心也是重點。對消費者來說，品牌形象的維持，仍然是必要的信任條件，若消費者擔心品牌可能發生服務中斷甚至有倒閉疑慮，都會影響消費者對訂閱制的接受度。

◼ 考量訂閱的續航力

　　以現有提供訂閱制的餐飲品牌來說，包含提供消費者在家料理的設備，並持續提供食材及線上教學；或是運用集團內不同品牌，針對每日的主題設計異國料理，在疫情期間都有不錯的成績。但是尚未加入訂閱制的業者，若仍以類似的手法來提供服務，很快就會讓消費者感到厭煩。另外在疫情緩和之後，當品牌未來仍然希望持續提供訂閱制服務時，如何讓消費者持續更新訂閱的內容，也影響到服務的長期發展。

　　畢竟對消費者來說，雖然在已向品牌訂閱並且付費的情況下，不一定會要求退訂，例如每周收到一包咖啡豆、每個月收到一份燒烤套餐食材，業者並沒有立刻解約退款的風險。但是品牌若是持續未能提供具備足夠吸引力的產品及服務，消費者會因需求型態的改變，而不再繼續使用原本的服務，屆時，不續訂或轉訂其他品牌就在所難免；這些都是業者一開始在設計規劃推出訂閱制的同時，所應該一併考量的因素。

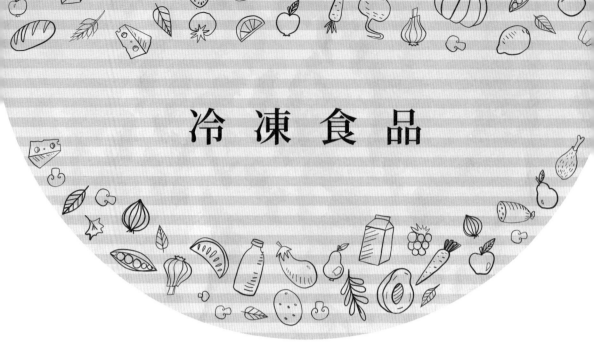

冷 凍 食 品

◾ 成為冰箱常態品

在疫情大大改變我們生活型態的同時，最明顯的一個變化，就是在家料理的需求大幅提高，疫情的影響使人猶如參加了一場超大型的「震撼教育」，人們開始積極尋找各種能夠方便保存、口味能夠接受的冷凍食品加以選購，而在餐廳無法內用創傷較深的餐飲服務業者及其上下游，更是為了求生存積極尋找進入冷凍食品產業領域的機會。許多餐飲業者想跨足冷凍宅配市場，在「零接觸商機」中分一杯羹，但卻常常不知該怎麼著手。

冷凍食品產業是將預先處理過的食材，像是米、麵、雜糧等主食，或是豬、牛、羊肉、禽肉、水產、乳、蛋、蔬菜等食材，以原型型態或經烹調處理，以急速冷凍的方式在低溫環境通過專

業設備技術完成運輸銷售。雖然以往冷凍食品早已成爲我們更便利完成料理的選擇方式之一，但是因爲華人的飲食生活習慣認爲復熱菜風味選擇有限，且主觀印象多半認爲冷凍食品不易取代現炒菜，然而像是火鍋料、水餃、包子等這些冷凍食品，其實早已是消費者冰箱的常態備品。

在台灣整體消費市場中，現有的人口結構中銀髮族逐年增加、小家庭成爲主流，且年輕單身族的自主意識提高，再加上後疫情時代有一定程度的影響，我們透過網上消費購買冷凍食品，或是在更便利的條件下選擇實體通路，都成爲更常見的發展趨勢。包含在家自己開鍋的火鍋料類，魚餃、蝦餃、貢丸等加工品，以及知名品牌的火鍋湯底，也都有一定的市場發展空間。另外許多家庭將料理視爲一種興趣的培養，所以像是購買知名餐廳飯店的冷凍食品在家開箱，或是在家烘焙需要的半成品，也都開始受到消費者青睞。

◧ 市場、節慶需求

尤其是像華人重視的農曆新年，也因爲社會文化習慣的逐漸轉變，家族成員對於能夠縮短家務勞動時間的復熱菜也越來越能被消費者接受，冷凍食品的便捷性有效提高了消費者在家烹飪的效率。同時經由宅配的方式，消費者能更方便的享用到距離較遠的大飯店口味，更是家庭聚餐能省時並提升品質的功臣。同時搭配冷凍食材的選購，或是裹麵油炸類的雞塊、可樂餅、海鮮排，或是餅皮類的蔥油餅、手抓餅、比薩餅皮，消費者都更有意願一併購買。

不論是冷凍食材、半成品或是復熱食品，只要條件許可，都可以持續推出新商品，而這個市場也持續有許多品牌加入戰場，因此帶動了冷鏈產業及零售通路的發展。雖然目前疫情在國內逐漸趨緩，但不論是消費者或是各層面的業者，也更深化與冷凍食品的關聯，甚至我們可以這麼說——冷凍食品已經成為國內整體餐飲習慣的趨勢之一。另外也因為節慶活動的需求，像是在家過年的年菜、冬至的湯圓、端午節的粽子，都使得業者願意投入資源，來規劃新產品以滿足消費者需求。

▪ 更重視品牌及便利性

隨著疫情造成的轉變，消費者較以往更加重視品牌和品質，並傾向於例如主題性的套裝組合產品、小型便利包裝，且更在乎購買的便利性，因此兼具優秀品質控制力及強大品牌力的企業會更有優勢。因此，提供了包含各種規格的冷凍食品及品牌多樣性的一站式購買型量販店，就成了消費者選購的主力的銷售通路。

便利超商和超市則能更靈活的運用跨界合作的方式，與不同的餐飲業者合作，以提升消費者的選擇機會與意願，並且因為時常有消費者希望能買到一些更特別的冷凍食品，部分的超商店長還能擔任團購主的角色。同時在超商能夠即時使用的優勢下，許多消費者也會購買冷凍食品後在店內內用，這時連帶像是飲料、零食及其他產品的需求，也都能一起滿足，並獲得帶動銷售的機會。

除了實體零售品牌之外，電商平台也是冷凍食品的重要通

路，尤其是當大型促銷節慶活動，像是雙十一、農曆年等重要時節，線上下單送貨到府或是到店，都更節省了選購的時間。而延伸出來的服務，像是配送到社區及團購等模式，也成為了另一個重要的銷售管道，也因此甚至連鎖書店都以複合型態展店，提供社區取貨的服務，希望打造全通路概念，帶動品牌在消費者心目中，更有價值的面向。

■ 幫助餐飲業者解決問題

　　冷凍食品的應用包含了零售市場（C 端）和餐飲服務市場（B 端），零售市場的銷售包含大型量販店、超商超市以及電商，餐飲服務市場則是運用像自建中央廚房，或是尋找供應商，通過批發、經銷商及直接採購，協助業者簡化或改善現場作業的需求。中小型餐飲業者因為成本的不斷攀升，也一直在尋找更好的解決辦法，當經營面臨高額租金、人工成本、採購成本的時候，尤其是連鎖品牌業者可能就會選擇自建中央廚房，一來大量採購可以降低成本，二來是能簡化現場人員的作業流程。

　　隨著餐飲企業的連鎖加盟化發展、經營成本上漲，如何讓各門市的餐飲品質標準化、維持一致性，並不失品牌風味特色，使用冷凍食品的方式進行前置處理，也逐漸成為廣泛的做法。另外原物料的持續上漲，也讓計畫性採購更為重要，鎖冷保鮮的冷凍食品可以適度延長保質期，但該類產品考驗製造商和經銷商對於製程、物流、庫存等要求，因此主力品牌更具有優勢。

就算像是規模小的餐飲業者，雖然沒有資源完全自建商品內容，也可以透過合約式的採購，向專門製作冷凍食品的製造廠商購買一定比例的成品或半成品，來解決成本及流程上的問題。

在餐飲經營模式中，有的業者更強調店內裝潢與風格，或是在出餐後透過外帶外送的方式，將服務內容提供給一般消費者；這時業者需要使作業流程更快速達到餐飲的基本水準，將前端烹飪流程標準化，使用冷凍保存的半成品在後廚完成料理並出餐，也更能符合業者的需求。餐飲業工作辛苦，尋找合適的後廚人員相對不易，若能在可接受的範圍內簡化餐飲作業流程，也能一個程度紓解人力壓力。

◼ 自動化管理更有效率

因應市場的發展，冷鏈倉儲需求呈現快速增長，有很大的發展空間，在生鮮電商、冷凍食品的市場需求增長下，冷鏈倉儲行業邁向智慧化、無人化的技術領域。雖然冷鏈倉儲的建置與營運成本較高，是一般倉儲的 3 倍以上，也因此越多業主使用，也會使營運的效益提高，透過自動化系統和數位化管理，倉儲能更有效率地完成所有流程。

所以不但大型食品製造業者，以及零售通路品牌會投入冷鏈倉儲的建置，以符合市場及自己品牌的需求，也有第三方業者，投入興建冷鏈倉儲的軟硬體，用來服務及滿足中小企業。另外像是政府針對農業領域的冷鏈倉儲，也有意投入更多的資源，來幫助產業的提升與轉型。面對庫存時間拉長，存貨數量增加及周轉

速度不固定，冷鏈倉儲物流作為整個冷凍食品產業鏈的重要組成部分，讓產品能夠適當存放及按時到達指定地點，也成了品牌結盟與自主發展核心的競爭力之一。

從產業鏈分析來看，無論是原材料運輸，還是產品物流配送，經由車隊運送到各個通路及餐飲業者手中，與普通物流相比，冷鏈物流在冷鏈儲藏溫度、流通時間、耐藏性三方面均有較高的要求，運輸的品質會對冷凍食品帶來不可逆的影響，也因此更有效率的運送及下貨流程，才能發揮冷鏈的價值。

以往早期不論是餐飲業者，對於冷凍食品的應用有諸多考量，或是消費者因追求新鮮及自己動手做，所以只是將冷凍食品作為備用，但不管是因為疫情的衝擊，還是消費者自身的生活模式改變，冷凍食品的應用層面也越來越廣泛並更受歡迎。同時在冷鏈倉儲產業成熟發展及零售通路的推波助瀾之下，也讓整體的趨勢持續發展。

■ 進入市場有一定難度

其實，消費者在冰箱空間跟口袋深度都有限的情況下，並不是業者投入冷凍食品市場就一定會有商機。在我之前的輔導企業之中，正好就有餐廳轉戰冷凍食品的廠商，也有專門經營代工生產及自有品牌的冷凍食品公司，事實上要把本來在餐廳直接料理好的食物變成冷凍食品送到消費者手上，遠比在自己的店門口擺攤自取，或是結合外送平台增加銷售通路來得更具挑戰性。當中的挑戰像是每逢大型節慶活動時，年菜能否準時送到家、耶誕大

餐有沒有因為運送過程出現品質變異，都是消費者相當在乎的地方。以下我就從過去的輔導經驗分享四個步驟，做為想投入冷凍食品市場的餐飲業者作為參考重點。

◉ 自問一、為什麼要做？

以大型的吃到飽餐廳及具有多家連鎖店的餐飲集團來說，消費者在品牌選擇上優先考慮的是餐飲內容的信任度與一致性，因為只有高度的食品衛生安全和在不同分店卻能享用到口味一致的食物，才是這些品牌的發展基礎，也因此多半這些品牌早已具備包含像是自有或長期合作的中央工廠，從料理的起點就建立了發展冷凍食品的基礎和優勢。包含港式小點、水餃麵食、披薩等這類餐飲，不但能幫助大型餐飲業消耗無法內用所導致的庫存，甚至還能開發成疫情後可以持續供應的長銷型品項。

但是一般餐廳若是過去並沒有這樣的中央工廠，且品牌還沒有大到能遠近馳名時，就算臨時想找到代工廠掛牌生產自己的冷凍食品，也可能因為初期的基本製造數量要求，而發生庫存與資金積壓的問題。若是只想把自家餐廳原有多餘的產能，像是牛肉湯、咖哩料包等做成冷凍食品，這時就得面對在法規條件上是否能符合的壓力。從廚房料理後直接急速冷凍，才能降低食品安全的風險，也因此在餐飲的類型上就會受到限制。

◉ 自問二、能不能做？

最明顯的比價差異就是，主打海鮮吃到飽的連鎖餐廳發展的冷凍料理包，等於是將原來廚房供應給各店的半成品調整之後，

用原有的生產條件來進入市場，但本來只是自己進貨料理的單店海鮮熱炒店，在沒有相關設備或經驗的情況下，廚房生產的現做料理要轉為冷凍料理包的形式，就必須考慮冷凍設備的投入、相關法規符合，以及消費者是否能接受這樣的品牌延伸等問題。對於小型的餐飲業者來說，縱然因為疫情導致生意受到影響，但是為了推出冷凍食品而投入了更多資金與時間，卻因為沒有完整規劃而導致更嚴重的虧損，那可就得不償失。

再來就是許多原本屬於攤販形式的餐飲，賣點在於料理現場食用，就算是外帶都可能影響口感，當成冷凍料理包時就失去了優勢。就像有些街邊的鹽酥雞，其實多數食材都是自市場購得，就算鹽酥雞本身可以做成冷凍料理，這時會選擇購買這類產品的消費者，其實早在其他冷凍食品的相關類型中做選擇，除非是具有高知名度的品牌才有機會被消費者青睞。但是若本身的料裡可以直接食用無須復熱，像是醉雞、醉蝦、滷味小點等類型，就比較有機會往冷凍食品發展。

◉ 自問三、怎麼做？

有時為了考慮保存期限及口味，部分冷凍食品會添加防腐劑、調味劑等額外添加物，但是若直接從餐廳料理後進入冷凍設備，反而不需添加這些東西。從台灣現行的食品法規來說，符合「食品安全衛生管理法」可說是要開始投入冷凍食品產業的基本要求，冷凍食品製造工廠必須要有合格的認證，像是 食品安全管制系統（HACCP），從進料就開始嚴格管控業者必須按照食品安全的規範。

再來是從 2021 年 7 月 1 日起，餐飲業者就得依據衛生福利部發布訂定的「食品中微生物衛生標準」實施相關的檢驗要求。法規分別針對不同類別的冷凍食品規範，包含:腸桿菌科、沙門氏菌、大腸桿菌或腸炎弧菌等微生物的含量限制，業者必須依照產品的類別分別去檢驗並符合規定。在食品標示上則可參考「市售包裝冷凍食品標示規定」，食品標示指於食品、食品添加物、食品用洗潔劑、食品器具、食品容器或包裝上，記載品名或為說明之文字、圖畫、記號或附加之說明書。

適用於市售包裝冷凍食品，包括不需加熱調理即可供食之冷凍食品類及需加熱調理始得供食之冷凍食品類，需要加標保存方法及條件，若是需加熱調理始得供食者，還要另外加標加熱調理條件。完整包裝的冷凍食品，還要依照「包裝食品營養標示應遵行事項」進行八大營養標示成分分析，換算出產品的營養標示表格，並印製於外包裝上。

冷凍食品包裝上根據「食品安全衛生管理法」第 22 條規範，食品及食品原料之容器或外包裝，應以中文及通用符號，明顯標示下列事項:

一、品名。

二、內容物名稱;其為二種以上混合物時，應依其含量多寡由高至低分別標示之。

三、淨重、容量或數量。

四、食品添加物名稱;混合二種以上食品添加物，以功能性命名者，應分別標明添加物名稱。

五、製造廠商或國內負責廠商名稱、電話號碼及地址。國內通過農產品生產驗證者，應標示可追溯之來源；有中央農業主管機關公告之生產系者，應標示生產系統。

六、原產地（國）。

七、有效日期。

八、營養標示。

九、含基因改造食品原料。

十、其他經中央主管機關公告之事項。

另外「食品業者投保產品責任保險」則是依「食品安全衛生管理法」第13條規定：「經中央主管機關公告類別及規模之食品業者，應投保產品責任保險。前項產品責任保險之保險金額及契約內容，由中央主管機關定之。」不論資本額之大小，具有商業登記、公司登記或工廠登記之食品業者，包括食品或食品添加物之製造、加工、調配、輸入或委託製造、加工或調配者，均應投保產品責任保險。

◉ 自問4、做了之後呢？

因為有些餐飲業者資源較少而生產成本較高，想要在定價上提高來增加獲利，這時還是要先找到消費者能接受的「心理認知範圍」，因為當消費者擁有太多的選擇時，商品訂價過高對消費者卻沒有足夠的說服力時，反而會讓消費者對品牌反感。

推出冷凍食品的業者普遍也會推出消費達一定金額後免運宅配到府的優惠，以提升消費者的便利性及達成基本的促銷購買

誘因。因此業者可以在定價時將相關的生產成本及行銷成本都納入計算，同時評估可獲得的利潤，再決定究竟是投入資源自行生產、還是尋找代工廠，甚至是與其他品牌合作。

有的餐飲業選擇將原有的餐飲內容濃縮成重點推薦產品，像是縮小版的宴席菜色，或是集團內跨品牌的冷凍食品組合包。就算是大型餐飲集團，決定投入冷凍食品的市場也必須考量到消費者是一次性消費，還是能持續累積的回購，因此從消費者的購買通路是從自建的品牌網站或 APP，還是跟成熟的通路業者合作上架銷售，都是在決定推出冷凍食品時要先考量的事項。至於小型餐飲業則必須從成本較低的通路，像是社群團購模式，或是粉絲專頁的直接訊息接單來著手。

◤ 冷凍調理商機不能只是盲從

事實上，因為疫情而推出的冷凍料理包，都只是先讓企業喘一口氣，對於品牌的長期發展也都還要整體評估。但是利用消費者的「宅商機」需求，藉機建立消費者對品牌的「味道記憶點」，像是丼飯的醬汁、火鍋的湯底及醬料，也讓消費者持續對品牌保持信心，這或許才是現在推出冷凍食品的重要意義。

若是沒有做好準備，甚至深思熟慮後發現自己的企業並不打算投入資源在這塊戰場，也有其他選擇能讓品牌活下去才是重點，畢竟盲從的行為帶來的不一定是商機，更可能是危機。

另外消費者仍然在一定程度上，會有自己的需求考量，像是冷凍火鍋的鍋底與實際店面的口味是否一致，是否有過多的添

加物等都是選購考量的重點；另外當消費者購買餐廳的外送餐飲時，若是業者僅是將冷凍食品復熱就出餐，卻收費高好幾倍，也容易造成爭議。因此不論是餐飲業者還是食品製造商，在面對消費者時更用心地清楚告知說明，才能避免後續爭議，甚至是對品牌形象造成影響。畢竟當消費者突然發現當自己在家也能輕易復熱的某家冷凍食品味道居然與某餐廳的特色菜幾乎一樣時，那就尷尬了！

■ 預製菜需要考慮消費者感受

當消費者到了餐廳裡消費時，若是花了上千塊吃一餐，但卻發現不是餐廳現煮，而是中央工廠的預製菜時，心裡的感受想必不會太好，尤其越是價格高昂的餐點，以及訴求像是大廚烹飪的功夫菜時，對於業者使用預製菜的行為，就可能更難以接受。根據我過去輔導業者的經驗，會使用預製菜的餐廳業者大致分為四種。

◉ 第一種、連鎖型平價餐飲

包含由中央工廠統一製作成冷凍湯包的火鍋，或是將排骨等肉品事先處理後，到店只要進行復熱的動作，這些業者使用預製菜的目的在於提供消費者餐飲一致性的口味與品質，也能減少現場料理的準備時間，甚至因為店家還另外販售預製菜給消費者，所以多數在店內使用的做法，消費者還是能夠接受。

◉ 第二種、吃到飽餐廳

吃到飽餐廳則是因為原有店內的料理流程過於繁複，在人手又不足的情況下，部分餐飲改為使用預製菜的方式提供給消費者，最常見的像是吃到飽餐廳以及部分餐廳的開胃小菜，若是具有一定規模的業者，還是會將預製菜再做 2 次加工，但若是在需要節省更多時間或成本的情況下，就可能直接復熱後上桌，這時當消費者只是要吃個「粗飽」時，也還能接受這樣形式的餐點。

◉ 第三種、裝潢精緻餐廳

較為有爭議的則是後者這兩種，第三種是以網紅打卡為主，裝潢精緻但是餐點平平無奇的餐廳或是餐酒館。

不少消費者到了網紅餐廳時，可能發現原本類似的餐點比一般餐廳貴 3 成，但是咖啡飲料的溢價更可能達到 5 成。雖然消費者通常是以朝聖或踩點的心態上門，知道餐廳著重的是裝潢和氛圍，但多少都會感到自己在餐點上的支出上不太划算，不過為了博得社群媒體上的好友按讚，還是勉強可以接受。

◉ 第四種、料理包混充現做料理之餐廳

第四種則是真正以料理包混充現做料理的少數業者。而這樣的業者多半是外購現成的預製菜，或是委託特定加工廠批量生產，作為店內的主要的供餐內容。

甚至店家若是在宣傳時強調，餐點是某某大廚親自料理，或是強調食材新鮮、料理方式獨特，卻大量使用加工廠預先製作的預製菜，甚至根本只在後廚加熱就當作現炒菜來收取高價餐費，這時一旦消費者知情，就會有受騙的感覺，進而發生更嚴重的糾紛。

　　目前國內預製菜的加工廠及業者，在營業額較往年創新高的發展機會下，站在保護交易對象的立場，均不肯透露供貨給哪些餐廳，尤其是那種在店內收取高價，但卻可能不是現場料理的業者。其實使用預製菜並不是問題，但是關鍵還是在於業者的心態，以及消費者的感受。

　　當我們花 150 元買到一包預製菜，在雲端廚房經過加熱與後製處理，可能使餐點售價達到 200 元，到了一般餐廳，因為營運成本，可能消費者接受的程度是 300 元，但若是業者因為不實的宣傳或是刻意使用文案話術來吸引消費者，卻將售價賣到 700 元甚至更高，當消費者一旦知情，業者可就要好好想想究竟該怎麼解釋了。

餐飲大航海時代

■ 國際品牌的發展必要性

　　對於許多消費者來說，就算在國內消費，但卻偏好選擇國際品牌，這一點在餐飲業上尤其顯著。想吃速食就到麥當勞 McDonald's、肯德基 Kentucky Fried Chicken；想吃披薩則選必勝客 Pizza Hut、達美樂 Domino's Pizza，而喝咖啡會選擇星巴克 Starbucks。當消費者在選擇西式餐飲時，這些品牌早已深植人心，除了餐點類型之外，更重要的是，品牌形象背後西方文化的延伸，更是影響了許多國內連鎖品牌的發展模式。

　　而近年來餐飲業雖然遇到疫情，卻在逆境中大放異彩，其中包含八方雲集、歇腳亭 Sharetea 在美國市場開拓的動作積極，專營冷凍料理的漢典食品在英國市場也有所斬獲，甚至透過外送

能將台灣美食送到英國全境。「台灣之光」鼎泰豐更是在歐美持續展店，六角國際旗下的日出茶太 Chatime 則是主攻東南亞及澳洲市場，另外像是 85 度 C、豪大雞排、貢茶也都插旗澳洲，coco 都可更是連南非都有佈局，更有不少台灣品牌早在對岸擁有一定店數。

◣ 現在是好時機

　　根據國際市場研究機構 Allied Market Research 觀察，全球珍珠奶茶產業規模幾乎每年持續成長，據估計，到了 2027 年全球市值可能超過 43 億美元，而扣除兩岸市場外，包含歐美、東南亞，甚至是中東，都有一定的市場需求。而在此同時，還有另一條主線——水果茶的雙雙夾攻推波助瀾下，台灣手搖飲品牌持續在海外開枝散葉，成了新台灣之光。

　　在台灣賣出超過 10 億杯的休閒茶飲，在全球都有不少品牌成功插旗，甚至造成像是歐美或是日本的風潮。台灣手搖茶市場的競爭程度，可以說是世界知名，在疫情之前許多國際旅客對於台灣的印象，其中之一就是珍珠奶茶，而疫情後雖然觀光客進不來，但是國內的品牌卻在世界各地透過加盟授權擁有不錯的營運表現，在國內市場更是逐漸走向白熱化的肉搏戰。在如此競爭激烈又似乎充滿需求的發展情況中，誰能切中消費者偏好才是真正決定勝負的關鍵。

　　然而為什麼這麼多年來，許多成功的餐飲品牌中，除了早期少數品牌對進軍國際市場策略較為積極外，多數還是以深耕國內

市場為主？最主要的原因還是經營者對掌握海外市場資源及對當地市場的熟悉度有限，在營運發展仍具高度不確定性的情況下，多採保守態度；也因此，有很長一段時間，擁有相似文化語言習性的對岸市場，則成為國內連鎖品牌拓展海外市場的首選。但在經歷了包含疫情影響、兩岸政治立場丕變與對岸市場需求變化之下，許多品牌開始思考，在全球這麼大的海外市場中，究竟還有哪些不同的發展選項。

◣ 經營者的認知改變

以進軍美國市場而言，據我家中長輩在數十年前留學美國時就曾觀察到，當地其實有不少華人的餐飲需求，但是這點直到近幾年才逐漸成為市場顯學，許多餐飲品牌透過與當地的大企業與對在地市場具有一定熟悉度的當地人士合作，讓國內的品牌透過加盟的方式在美開枝散葉。而更進一步來說，許多傳統品牌經過了第一代的開疆闢土後，其中不少人很早就將孩子們送到國外讀書，也因此本身就具一定的異國生活經驗的第二代在海外接班之後，不但能早早與當地的有力人士打好關係，也讓雙方的合作有了更深厚的基礎。

其實國內多數連鎖品牌的加盟制度，其概念都來自於西方，再加上美國一直以來都是世界上最具競爭力的指標市場，若是國內品牌希望能更上一層樓、打開世界的能見度，挑戰美國市場成了必須經歷的艱難關卡，就如同擲筊獲得「聖杯」一樣重要。

對於想要在全球市場做出一番成績的經營者而言，以現在的

市場局勢，就算是在對岸市場開店，也不是那麼容易被大眾所接受，成為國際知名的品牌，但是若能在歐美市場拿下陣地，其指標性意義則更為重大，對於外來資金的獲得也會顯得更具優勢。

◾ 旅遊商機的擴張

在疫情即將迎來曙光的此時，不少國內的旅行社已經摩拳擦掌，準備迎接即將入境的國際觀光客，從過往的經驗得知，當觀光客到訪一個新景點享受了當地美食，若能對特定品牌產生記憶點，將來回到了自己的國家，就有可能為了回味旅遊的美好而願意前往當地同樣的品牌餐廳用餐，這時品牌所能帶動的觀光效益更會是國家等級的提升。國際連鎖品牌不但具備了一致的識別性，在海外也能將消費者預期中的異國餐飲口味重現，甚至包含富有異國文化的服務體驗，這一點對於有品牌偏好的人來說更是具有相當程度的吸引力。

同樣地，當我們到了國外旅遊，若是在當地看到了自己國家的連鎖品牌，有時也會因為親切的共鳴而興奮地上門。就像早些年我出國工作時，在日本及泰國看到了鼎泰豐餐廳時，若是身邊有同行的在地友人，一定會推薦對方前往用餐；在越南時也曾看到國內品牌的手搖茶飲，立刻就入手一杯享用。當台灣的連鎖品牌走出國際時，所產生的經濟效益會反映在雙向的購買行為上，甚至還會因為像是國人前往當地的商務旅行的機會，而帶來更大的收益。

■ 資源國際化的實現

　　以手搖茶飲產業而言，珍珠奶茶所需要的珍珠、奶及茶葉，其實常常都來自相同的國家，就算是在我國境內也是一樣，但是過去由於台灣食品加工業的成熟，是我們相較於很多國家的優勢，所以就算是在義大利開手搖茶飲店，或是在英國賣刈包，只要掌握原物料的品質、加工的技術，和店面及加盟管理的能力，其實台灣品牌在當地就有一定的發展條件。

　　而國際化餐飲的全球趨勢更是實際影響到許多國家，像是韓國透過韓劇的推波助瀾，將韓食的風潮帶到世界各地；同樣像是泰式及日式料理，也都在不少西方國家擁有忠誠的愛好者。而以中華文化爲餐飲發展基礎的台灣，許多的美食風味與料理方式並不見得會輸給對岸的品牌，也因此，在實現餐飲品牌國際化的發展趨勢下，相較於海外當地的中菜館餐飲口味可能不夠道地時，台灣的餐飲品牌反而更有切入當地市場的機會。

■ 國際發展是品牌的新出路

而在手搖茶飲品牌輸出國際的同時，包含自國內加工提供的冷凍果汁，以及經過高品質品管製作的珍珠原料，都能幫助在國外的產品能維持一定的穩定品質，使加盟業者能以成熟的 SOP 系統，將製作手搖茶飲的流程拆分成下單、備餐、製作、出杯等模組，每個模組下都有具體清楚的工作內容，除了使加盟主更容易上手之外，也更方便品牌的擴張與落地培訓。

但我觀察到值得注意的是，當 2020 年底中國茶飲市場的總規模已超過千億元（人民幣），未來像是喜茶、奈雪的茶、蜜雪冰城等中國的超大品牌，很可能成為與台灣品牌同在國際市場上競逐的競爭者，在中台兩造茶飲產業相似的經營背景與龐大的原物料供應需求中，若是發生區域授權這種贏者全拿的局面，國內的茶飲品牌要如何脫穎而出也將是未來的重大挑戰。

經由「品牌再造十字架」的結果分析，品牌再造的下一個階段不是往國際化發展，就是更深化現有市場的消費機會，在台灣的手搖茶飲品牌正各自走上不同的道路，但這樣的發展趨勢其實是好事，更同時避免了產業本身過度的內部競爭。畢竟當我們看到那些在國際上能攻城掠地的知名品牌中，手搖飲可以說最具華人特色的產品，在品牌的持續努力下，或許有一天，全球也會誕生出手搖茶界的星巴克，成為台灣之光。

◾理念和願景才是加盟主跟隨的重要原因

　　而跟過去相比，加盟主對品牌的認知與心態，也成了如今選擇連鎖加盟品牌創業的重要原因之一。早些年因為加盟經營休閒飲料產業的門檻較為容易，從製作產品、沖泡茶飲、計算珍珠與糖漿冰塊之間的比例，或是沖泡粉狀飲品，甚至是咖啡調製，大致上需要 7 天到 15 天左右的培訓時間，只要加盟主肯用心學，都能上手。其原因就在於加盟主下定決心投入新事業時多半是透過貸款，因此在財務上比較有壓力，在選擇品牌加盟時除了重視總部是否提供足夠的支援，使新加盟主能得到完整的教育訓練 SOP，更容易開店營運，最後就是取決於品牌的知名度。

　　但是當加盟主的主觀意識越來越強烈，且加盟的目的並不只是急於短期獲利，而更加重視與品牌的長期合作時，那加盟總部的品牌核心價值就顯得更為重要。當品牌將連鎖加盟的概念擴大，跨入國際加盟市場的同時，各國所在地區的加盟主不再是 1 家 2 家的加盟經營，而是一次營運 50、100 家店舖，成為區域經銷商的概念。

　　像是日出茶太在菲律賓的代理商與連鎖麵包品牌 The French Bake 合作，或是歇腳亭在日本與迴轉壽司業者壽司郎結盟，基本上都是當地品牌業者認同台灣連鎖飲品的經營方式與品牌理念因而選擇跨國合作經銷。相較之下，品牌在中國的發展則是可能遇到較多的政治因素影響，也因此成為台灣品牌展店的顧慮。總結來說，不論是哪個國家的境外合作，當地市場的營收成長對品牌營運總部來說不但重要，所獲得的加盟金更是品牌選擇合作相對客觀的事實原因。

▪ 品牌的原生文化推動國際加盟

　　就像代表美系文化的連鎖速食產業，不論是麥當勞、肯德基或是達美樂、必勝客，又或者是代表日系文化的連鎖餐飲業，像是すき家、くら壽司、牛角燒肉等等。每一個連鎖咖啡品牌都想成爲或超越星巴克，但讓星巴克屹立不搖的不只是咖啡好不好喝，而是背後代表的品牌獨特性與創新。一旦當連鎖店傾注資源選擇採取直營模式經營時，只要品牌經營團隊清楚認知自己的發展方向，就能繼續堅持下去；但若在國內有開放加盟時，品牌營運總部的品牌經營理念是否與加盟主的認知一致，以及產品及服務本身是否具有足夠的競爭力都顯得相當重要。

　　若是品牌邁向國際連鎖經營，則不同國家的經銷商、代理商之間，甚至得對品牌文化與願景都具備更深刻的了解與共識。就算只是想在海外好好的開一家店，其背後不論是取得在地具規模原物料供應商與設備廠商的支持，或是店務工作充分的服務人力，都是不可或缺。

　　台灣產業的努力不是一朝一夕可以達成，當然消費者有權使用手上的鈔票作出選擇支持自己認同的意識形態，但當台灣的連鎖加盟品牌想在國際上闖出一片天地，甚至成爲台灣之光，那麼連鎖品牌的經營者就勢必得再多想一點——什麼是眞正屬於中華文化、也專屬台灣的品牌理念價值？又該如何呈現在自己的品牌之中？

◾ 邁向下一步

　　若是以美國作為品牌進軍國際的目標市場，展店初期可以先從華人最多的區域開始布局，商圈位置的選定會是展店是否成功的首要因素，以八方雲集來說，在美國加州的第一站，座落在南加州爾灣市，同樣地，與 85 度 C 的第一家美國門市也選在南加州爾灣市，原因就是華人多。此地的居民認識台灣品牌的相對較多，在此展店可視同有基本顧客。以 85 度 C 的國際展店策略觀察，在美國以 LA 的華人社區為起點，搶攻當地人味蕾。從來店客源分析，華人對西方人比例從開店的 8：2，再逐漸拓展到白人區，進展到目前的 6：4，成功的逐漸打入當地市場。同樣地，85 度 C 在澳洲也以雪梨市區進入唐人街的 China Town 主要商街，拓展到兩邊市場（華人、白人）皆能覆蓋。

　　除此之外，台灣品牌也可考慮先以合資的方式，透過與當地的企業與資源擁有者合作的方式，除了能降低初期營運成本的投入外，也能更快經由合作方的經驗，掌握在地市場的需要。或者也能從原物料供應商的角度來切入，為當地的消費者開發更符合在地市場的產品及口味，並確保自身仍擁有品牌經營的核心技術，掌握關鍵競爭力。如此不但能降低雙方後續合作可能產生破局的問題外，並能在萬一未來品牌必須直營當地市場的情況下，至少保有對當地市場一定的熟悉度。

⬛ 最終的 ONE PIECE

　　從實質層面上看，已有不少對岸品牌在美國上市，這更讓國內這些產品擁有更好條件的品牌有理由相信，當有一天台灣的這些優秀品牌能夠在美、日等國上市時，相對來說，對企業取得資金與國際化的長期發展將更加有利，連帶的，不論是更多的直營店和區域代理及加盟，都必須依靠強大的總部資源。同時不論對於企業社會責任 CSR（Corporate Social Responsibility）或是 ESG（環境 environment、社會 social、公司治理 governance）等議題，更是國際發展時必須面對的議題。

　　過去有不少連鎖品牌總希望能在不同的國家開設店面，但是卻常常忽略了當地從業人員的薪資落差、店面經營與設廠生產時的法規差異，甚至是在行銷溝通時沒有思考到，當地文化的差異或是用語的特殊性，以至於才進入當地市場不久就鎩羽而歸。如何讓一個品牌在不同的國家、文化中取得最大公約數的一致性，就是連鎖品牌是否能真正站上國際舞台的關鍵。從「品牌再造十字架」的架構來說，國際化品牌的成功關鍵之一，就是背後的來源國文化輸出的能力，而全面性的整合行銷傳播溝通更是不可或缺。

　　如同在我們年輕的時候，看到《六人行》中時常出現的中餐用餐場景，還有不少好萊塢電影及影集都會出現的中餐廳畫面，甚至就連《怪獸電力公司》的動漫中都曾出現過中餐廳的盒子，但或許在將來的有一天，我們會在某部美國電影中看到，場景中

出現的是我們所熟悉的台灣連鎖品牌餐廳，演員手上拿著 L 牌的國產品牌咖啡，到那時國內的品牌就真正的開始實踐了自己的國際夢，而成功的品牌與營運模式，也將為台灣的品牌帶來全新的國際舞台。

【渠成文化】Brand Art 007

食 與 慾 — 大快朵頤的餐飲趨勢全攻略

作　　者	王福闓
圖書策劃	匠心文創
發 行 人	陳錦德
出版總監	柯延婷
執行編輯	蔡青容
封面設計 內頁編排	賴　賴

封面與內頁攝影／服裝　西服先生 贊助

E-mail　cxwc0801@gmil.com

網　　址　https://www.facebook.com/CXWC0801

總 代 理　旭昇圖書有限公司

地　　址　新北市中和區中山路二段352號2樓

電　　話　02-2245-1480(代表號)

定　　價　新台幣420元

印　　刷　上鎰數位科技印刷

初版一刷　2023年10月

ISBN 978-626-97301-4-8(平裝)

版權所有・翻印必究　Printed in Taiwan

國家圖書館出版品預行編目(CIP)資料

食與慾/王福闓著. -- 初版. -- [臺北市]：匠心文化創意行銷有限公司, 2023.10

　面；　公分

ISBN 978-626-97301-4-8(平裝)

1.CST:餐飲業 2.CST: 品牌行銷 3.CST: 行銷策略

496　　　　　　　　　　　　　　112015251